Loushambam Samananda Singh

EXPLORANDO A ANATOMIA E A FISIOLOGIA HUMANA

Loushambam Samananda Singh

EXPLORANDO A ANATOMIA E A FISIOLOGIA HUMANA

ATRAVÉS DA PRÁTICA E DA APLICAÇÃO

ScienciaScripts

Cover image: www.ingimage.com

This book is a translation from the original published under ISBN 978-3-659-60938-1.

Publisher:
Sciencia Scripts
is a trademark of
Dodo Books Indian Ocean Ltd. and OmniScriptum S.R.L publishing group

120 High Road, East Finchley, London, N2 9ED, United Kingdom
Str. Armeneasca 28/1, office 1, Chisinau MD-2012, Republic of Moldova, Europe
Printed at: see last page
ISBN: 978-620-8-35750-4

EXPLORAR A ANATOMIA E A FISIOLOGIA HUMANAS ATRAVÉS DA PRÁTICA E DA APLICAÇÃO

Loushambam Samananda Singh, Ph.D.

Instituto de Farmácia

Universidade Dom Bosco de Assam

Jardim da Tapesia, Assam

PREFÁCIO

A anatomia e a fisiologia humanas são as pedras angulares das ciências médicas e biológicas, oferecendo uma visão da maravilha da estrutura e função do corpo humano. *Exploring Human Anatomy and Physiology Through Practice and Application* é elaborado com uma abordagem prática para facilitar uma compreensão prática do assunto, atendendo a estudantes, instrutores e profissionais que buscam mais do que conhecimento teórico. Este livro visa colmatar a lacuna entre conceitos anatómicos complexos e as suas aplicações no mundo real, melhorando a compreensão através do envolvimento direto e da aprendizagem experimental.

Este livro é simultaneamente um guia e uma referência para estudantes, educadores e profissionais de saúde que desejam aprofundar os seus conhecimentos de uma forma envolvente e interactiva. À medida que avança, encontrará actividades e avaliações que reforçam a sua aprendizagem, facilitando a retenção e a aplicação de princípios-chave tanto em contextos académicos como práticos. Quer seja um estudante que aspira a entrar numa área relacionada com a saúde, um educador que procura recursos enriquecedores ou um profissional que está a rever conceitos fundamentais, este texto pretende ser uma ferramenta abrangente na sua viagem de descoberta.

Este livro irá inspirar curiosidade, fomentar a confiança e fornecer uma base sólida para aqueles que se dedicam a compreender a complexidade do corpo humano.

INTRODUÇÃO

Compreender a anatomia e a fisiologia humanas é essencial na educação e na prática da farmácia. Em farmácia, a anatomia centra-se na estrutura do corpo, incluindo órgãos, tecidos e sistemas, o que é fundamental para compreender as interações medicamentosas. A fisiologia, por outro lado, examina o funcionamento dessas estruturas, como os processos de circulação, respiração e digestão, que os farmacêuticos devem entender para avaliar os efeitos dos medicamentos e as respostas dos pacientes.

Uma base sólida em anatomia e fisiologia apoia a aprendizagem em farmacologia - o estudo das acções dos medicamentos no organismo. Estes conhecimentos permitem aos farmacêuticos fazer escolhas informadas na seleção de medicamentos, na dosagem e na monitorização dos doentes, facilitando uma colaboração eficaz com os profissionais de saúde para melhorar os cuidados prestados aos doentes.

Ao concluírem este curso, os alunos adquirem competências na descrição dos sistemas de órgãos, detalhando as caraterísticas anatómicas, explicando a homeostase e analisando os parâmetros fisiológicos vitais. Estas competências dotarão os alunos de um conhecimento profundo da anatomia e fisiologia humanas, permitindo-lhes aplicar estes conhecimentos para otimizar os cuidados aos doentes e a gestão de medicamentos na prática farmacêutica.

ÍNDICE DE CONTEÚDOS

EXPERIÊNCIA N.º 1

Objetivo: Estudar a estrutura do procedimento de trabalho para a utilização de um Microscópio Composto.

Princípio: É um instrumento ótico com uma lente de aumento (ou) uma combinação de lentes para inspecionar objectos muito pequenos para serem vistos distintamente e em pormenor a olho nu. É utilizado no estudo da morfologia das células sanguíneas e na contagem do seu número, sendo também utilizado em histologia, histopatologia, microbiologia e, posteriormente, em várias disciplinas clínicas.

Partes do Microscópio:

Sistema de apoio: - Funciona como uma estrutura à qual estão ligadas várias unidades funcionais.

i) **Base:** É uma base (ou pé) metálica pesada em forma de U ou ferradura, que suporta o microscópio na mesa de trabalho.

ii) **Pilares**: -Dois pilares verticais projectam-se para cima a partir da base e estão ligados à pega em forma de C. A articulação permite que o microscópio seja inclinado num ângulo adequado para uma visualização confortável.

iii) **Pega (O braço (ou) membro)**: - A pega curva que se projecta para cima a partir da articulação suporta a focagem dos sistemas de ampliação.

iv) **Corpo do tubo**: -Instalado na extremidade superior da pega, verticalmente (ou) em ângulo, é a parte através da qual a luz passa para o olho p, conduzindo assim a imagem para o olho do observador. Tem 16-17 cm de comprimento e pode ser levantado (ou) baixado pelo sistema de focagem.

v) **A Etapa**: - Tem como componentes a) Etapa fixa e b) Etapa mecânica.

a) Plataforma quadrada com uma abertura no seu centro, colocada no limbo abaixo da lente objetiva. A lâmina é colocada e centrada sobre a abertura para visualização do feixe de luz convergente que sai do condensador e passa através da lâmina para o tubo do corpo.

b) Estrutura metálica calculada, fixada na extremidade direita da estrutura fixa. A mola de fixação mantém a corrediça (ou a câmara de contagem) em posição. As cabeças dos parafusos movem-na de um lado para o outro e para a frente e para trás. A escala Vernier na parte da frente indica.

B. **Sistema de focagem**: Consiste numa caixa de cabeças de parafuso de ajuste fino (ou) botão. É utilizado para elevar (ou) baixar o sistema ótico em relação à lâmina (ou) de estudo até à focagem. Existem dois parafusos de regulação grosseira e fina que funcionam com um mecanismo micrométrico de dupla face, um de cada lado. Se se rodar uma das regulações grosseiras/finas, a outra roda ao mesmo tempo. A regulação grosseira faz subir (ou descer) rapidamente o sistema ótico a uma grande distância através de um sistema de cremalheira e pinhão. O ajuste fino funciona da mesma forma, mas são necessárias várias rotações da cabeça do parafuso para aumentar o corpo numa pequena distância, por exemplo, uma rotação move o tubo em 0,1 mm (ou) menos. É utilizado para uma focagem precisa.

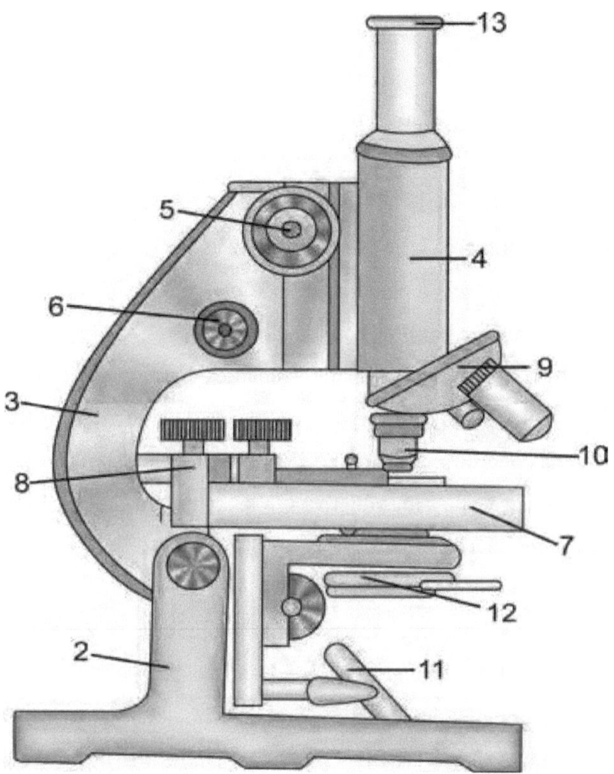

Figura 1: *Microscópio composto: (1) Base, (2) Pilares, (3) Hndle, (4) Tubo do corpo, (5) Parafuso de regulação grosseira, (6) Parafuso de regulação fina, (7) Platina fixa, (8) Platina mecânica, (9) Peças nasais fixas e rotativas, (10) Lentes objectivas, (11) Espelho, (12) Condensador, e (13) Ocular*

C. Sistema ótico/de ampliação: Consiste no tubo do corpo, na peça ocular e na peça do nariz que transporta os objectos. Pode ser levantado (ou) baixado conforme desejado.

Corpo do tubo: - A distância entre as extremidades superiores das objectivas e a peça ocular é o comprimento do tubo, que é de 16-17 cm. A distância entre o ponto local superior da peça ocular e o ponto focal inferior da objetiva é o comprimento do tubo ótico de 25 cm.

A peça para os olhos: - Encaixa na parte superior do tubo do corpo. A maioria dos microscópios é fornecida com 5x, 8x, 6x, 10x e 15x. Cada ocular tem uma lente - uma montada na parte superior, a "lente ocular", e a outra, a "lente de campo", montada na parte inferior. A lente de campo recolhe os raios divergentes da imagem primária e passa-os para as lentes oculares, que ampliam a imagem.

A peça do nariz: - Instalada na extremidade inferior do tubo do corpo e tem duas partes: -1) Nariz fixo e ii) Nariz rotativo. A peça rotativa contém lentes objectivas intercambiáveis e pode ser rodada para a posição desejada, sendo a posição correta indicada por um "som de clique".

Objetiva/Lentes: O microscópio para estudantes é geralmente fornecido com três objectivas com molas de diferentes potências de ampliação. Cada objetiva tem um vidro de cobertura que forma o seu revestimento exterior e a protege. A potência de ampliação de cada objetiva e a sua abertura numérica (NA) estão gravadas em cada objetiva.

Estas lentes são de 3 tipos:

Objetiva de baixa potência (L.P): 10x NA=0.25mm, F. L=16mm em uso comum A objetiva L.P aumenta 10 vezes. É utilizada para a focagem inicial e para visualizar a grande área da lâmina de focagem. Ampliação de 100 vezes.

Objetiva de alta potência (H.P): 45x, NA=0,65mm, FL=4mm. Esta objetiva amplia a imagem 45 vezes, pelo que é utilizada para um estudo mais pormenorizado do material. Ampliação de 450 vezes.

Imersão em óleo (I.O.): 100x; N=1,30mm; FL=2mm. Aumenta a imagem 100 vezes, uma vez que a lente quase toca na lâmina que tem de ser imersa num meio especial (óleo de madeira de cedro). Uma gota de 1st é colocada na lâmina. O óleo é utilizado para aumentar o NA e, consequentemente, o poder de resolução. É utilizada para o estudo pormenorizado da morfologia das células sanguíneas e dos tecidos. Esta lente permite uma ampliação total de 1000 vezes.

D. O sistema de iluminação: - Este sistema do microscópio de campo luminoso é constituído por uma fonte de luz, um mecanismo para condensar a luz e direccioná-la para a amostra em estudo.

Fonte de luz: - Pode ser (externa) (fora) ou dentro do microscópio (interna).

Espelho: - Espelho de duas faces, uma plana e outra côncava, fixadas numa estrutura metálica situada por baixo do condensador, que pode ser rodada em todas as direcções. Os espelhos planos são utilizados com uma fonte de luz distante, luz natural (ou) luz do dia. Os raios de luz paralelos são reflectidos paralelamente no condensador. O espelho côncavo é utilizado quando a fonte de luz é distinta. Os raios de luz divergentes são reflectidos como raios paralelos e dirigidos para o condensador.

O condensador (ou condensador de sub-estágio): É um sistema de lentes montado num cilindro curto que se encontra abaixo do palco. Pode ser levantado (ou) baixado por um pinhão de cremalheira e foca os raios de luz num cone sólido de luz sobre o material em estudo. Também ajuda a resolver a imagem.

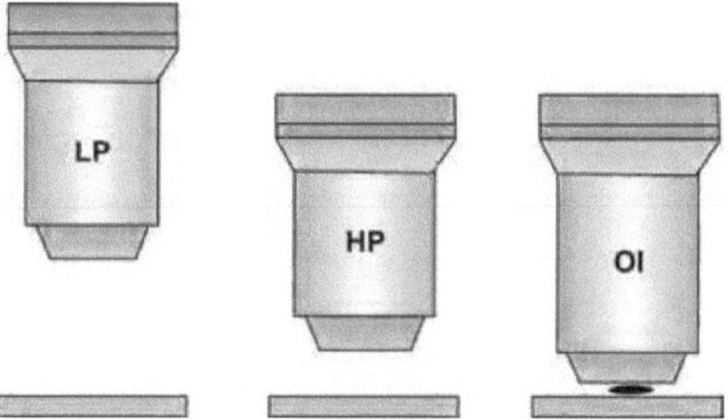

Figura 2. Diagrama para mostrar as distâncias de trabalho das lentes LP, HP e OI

a) **Sistema de lentes:** O subestágio normalmente utilizado é o condensador do tipo abbe, composto por duas lentes que devem ser corretas para observações esféricas e cromáticas. A posição do condensador deve ser ajustada em função de cada objeto para obter a focagem de base da luz.

b) **Diafragma da íris:** Instalado no interior do condensador. Uma pequena alavanca lateral utilizada para ajustar o tamanho da abertura do diafragma, permitindo assim que mais (ou menos) luz incida sobre o material em estudo. A redução do tamanho do campo de visão (abertura) diminui a abertura numérica do condensador. Assim, a iluminação correta inclui uma combinação de posição da fonte de luz, regulação da intensidade da luz, posição do condensador e regulação do tamanho da abertura.

c) **Filtro:** Um anel metálico pode acomodar um filtro de cor azul claro ou verde, uma vez que a luz monocromática é ideal para a microscopia.

Base física do microscópio:

Poder de resolução (Resolução): A capacidade de mostrar estruturas localizadas próximas como separadas e distintas.

Abertura numérica: - É um índice do poder de captação de luz de uma lente, ou seja, a quantidade de luz que entra na objetiva. Pode ser reduzida diminuindo a quantidade de luz que passa através da objetiva. Assim, a iluminação aumenta à medida que os objectos passam de baixa potência para alta potência e para imersão em óleo.

Formação da imagem: - A objetiva que inicia o processo de ampliação. Forma uma imagem real, invertida e ampliada na parte superior do tubo do corpo (uma imagem real é aquela que pode ser visualizada no ecrã).

A lente de campo da ocular recolhe os raios de luz divergentes da imagem primária e passa-os através da lente ocular, pelo que a imagem vista pela imagem é virtual, invertida, ampliada e parece ampliar ainda mais a imagem.

Objetivo	**Posição do condensador**	**Diafragma da íris**
Baixapotência (10X)	Baixa	Parcialmente aberto
Alta potência (45X)	Intermediário	Meio aberto
Imersão em óleo (100X)	Elevado	Totalmente aberto

Distância de trabalho: - A distância entre a objetiva e a lâmina. Esta distância diminui com o aumento da ampliação. É de 8-13 mm em baixa potência, 1-3 mm em alta potência e 0,5-1,5 mm em imersão em óleo. Lentes, respetivamente

Procedimento:

Um feixe de luz focalizado passa através do material em estudo para o microscópio. As partes do espécime que são opticamente densas e que têm um índice de refração elevado são coloridas com um corante, lançando uma sombra potencial que é ampliada em fases principais à medida que passa para o olho do observador.

Focagem a baixa potência (10x):

Colocar o microscópio na mesa de trabalho em posição vertical e elevar o tubo do corpo 7-8 cm acima da platina. Colocar a lâmina na platina e, utilizando a platina mecânica, colocar a amostra sobre a abertura central.

Selecionar e ajustar o espelho (plano (ou) côncavo) de modo a que a luz incida sobre o espécime. Colocar o condensador bem para baixo (posição baixa) e fechar parcialmente o diafragma para reduzir o excesso de luz.

Olhando de lado e utilizando a regulação grosseira, baixe o tubo do corpo de modo a que a lente de baixa potência fique cerca de 1 cm acima da corrediça. Agora olhe para a ocular e levante suavemente o tubo até o espécime entrar em foco. Quando a imagem entrar em foco, examine todo o campo, agitando o ajuste fino a toda a volta.

Focagem sob alta potência (45x):

Para focar com grande ampliação, rode a peça nasal de modo a que a lente de alta potência encaixe na posição correta. Elevar o condensador até à posição média e abrir o diafragma para ajustar. Utilize o ajuste fino conforme necessário. Olhando de lado, baixar a objetiva até cerca de 1-2 mm acima da lâmina. Olhar agora para o microscópio e levantar o tubo lenta e suavemente até a imagem focar.

Focagem sob imersão em óleo (100x):

Esta lente objetiva é mais frequentemente utilizada em hematologia devido à sua elevada resolução de ampliação. As suas caraterísticas principais são a abertura muito pequena através da qual a luz entra e a sua posição de desfocagem, ou seja, cerca de 1 mm de lado. A razão pela qual é imersa em óleo e não em outras lentes é a fina camada de ar entre esta lente objetiva e a lâmina de vidro quando a lente está focada (sem óleo, a imagem pode ser vista, mas muito desfocada). O óleo de madeira de cedro, que tem um índice de refração igual ao do vidro, ou seja, 1,55, remove esta camada de ar, de modo a que o vidro da lâmina e a lente objetiva se tornem uma coluna contínua e permitam a entrada de um voo na lente objetiva.

Levantar o tubo do corpo da objetiva de modo a que a lente de imersão em óleo fique cerca de 8 a 10 cm acima da lâmina. Colocar uma gota de óleo de cedro na lâmina e, olhando de lado, baixar lentamente a objetiva até que a luz entre na gota de óleo. O óleo espalhar-se-á no espaço capilar entre a lâmina e a lente, removendo assim eficazmente a fina camada de ar.

Enquanto olha para a ocular, levantar lentamente e com muito cuidado a objetiva com o ajuste grosseiro (sem a retirar do óleo) até que as células apareçam - utilizar o ajuste fino para uma visualização precisa.

Montar o microscópio: As células e os seus constituintes são estruturas tridimensionais e encontram-se a diferentes níveis. Por conseguinte, é importante não manter uma focagem fixa, mas sim "arrumar" continuamente o microscópio utilizando um ajuste fino até que a amostra esteja focada sob qualquer ampliação.

Precauções:

Não manter o microscópio na extremidade da mesa de trabalho. Assegurar-se de que todas as objectivas estão limpas e isentas de poeiras e manchas.

Nunca baixe qualquer objetiva de qualquer altura enquanto estiver
a olhar para o microscópio.

Não utilizar o meio de montagem em excesso.

Cobrir o microscópio quando não estiver a ser utilizado.

Relatório: Foi estudada a estrutura do procedimento de trabalho para a utilização do Microscópio Composto.

EXPERIÊNCIA N.º 2

Objetivo: Estudar as técnicas gerais de colheita de sangue.

Teoria:

Técnica de recolha de sangue

O sangue é obtido das veias para vários exames hematológicos. A obtenção de resultados laboratoriais exactos e precisos é crucial para que os médicos façam diagnósticos corretos das condições dos doentes. Por conseguinte, é vital recolher corretamente as amostras de sangue.

Cada amostra é acompanhada por um formulário de requisição de laboratório preenchido pelo médico, contendo breves dados clínicos e quaisquer informações relevantes.

Antes de recolher uma amostra de sangue, é essencial verificar a identidade do doente para garantir que corresponde aos dados constantes do formulário de requisição.

Normalmente, o sangue é retirado da veia antecubital do antebraço (sangue venoso) ou do dedo ou do calcanhar (sangue capilar). É preferível o sangue venoso. Os métodos de colheita incluem a utilização de uma seringa e agulha ou de um tubo de vácuo, cada um dos quais será descrito separadamente.

Procedimento de colheita de sangue venoso

Normalmente, o sangue é extraído da veia antecubital ou de outra veia visível do antebraço que esteja bem identificada. A veia selecionada deve ser de tamanho considerável, facilmente acessível e suficientemente próxima da superfície da pele para ser visível e palpável.

Preparação do local de punção venosa:

- Limpe a área à volta da veia identificada com álcool isopropílico a 70%, fazendo movimentos circulares do local para fora. Deixar a área secar naturalmente ao ar. Evitar tocar no local da punção venosa após a limpeza.

- Aplicar um torniquete cerca de 3-4 polegadas acima do local da punção venosa. Instruir o doente a fechar o punho várias vezes. Esta ação ajuda a engordar as veias adequadas, tornando-as mais visíveis e acessíveis.
- Em alternativa, as veias podem ficar mais salientes deixando o braço do doente pendurado durante 2-3 minutos ou batendo suavemente no local da punção. Esta técnica ajuda a distender as veias, tornando-as mais fáceis de aceder durante a punção venosa.

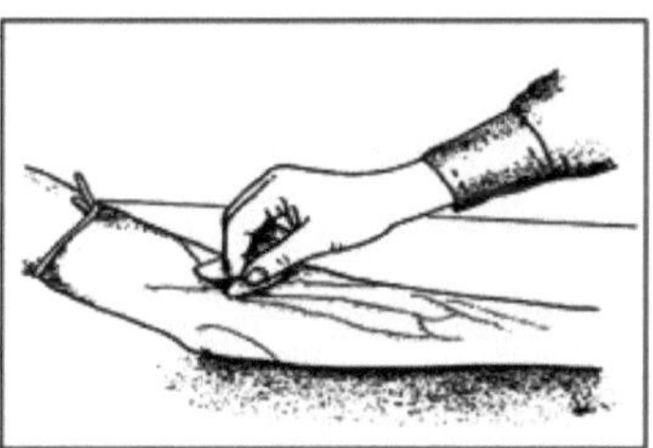

Figura 3. Limpar a área do local de punção venosa com movimentos circulares no sentido contrário ao dos ponteiros do relógio

Procedimento de recolha de sangue venoso com uma seringa

1. Lavar bem as mãos com água e sabão para garantir a sua limpeza.
2. Etiquetar o tubo com o nome do doente e o número do hospital onde o sangue vai ser colhido. Em alternativa, utilizar uma etiqueta impressa para uma identificação exacta do doente.
3. Preparar a seringa colocando a agulha na mesma, mantendo a tampa da agulha colocada até estar pronta a ser utilizada. Verificar se a seringa funciona corretamente.
4. Introduzir a agulha na veia com o bisel virado para cima e paralelo à superfície da pele. O aparecimento de sangue no centro da agulha indica que a entrada na veia foi bem sucedida. Libertar imediatamente o torniquete assim que o sangue começar a encher a seringa.
5. Retirar o pistão lentamente para evitar a formação de espuma.

6. Depois de obter a quantidade de sangue necessária, colocar uma compressa de gaze esterilizada sobre o ponto onde a agulha entrou na pele e retirar habilmente a agulha ao mesmo tempo que se aplica pressão sobre o local.
7. Introduzir suavemente o sangue no recipiente especificado. Tapar firmemente para evitar fugas.
8. Manter uma ligeira pressão na compressa de gaze sobre o local da punção venosa até a hemorragia parar e, em seguida, cobrir o local da punção com um pequeno penso adesivo.
9. Destruir a agulha num dispositivo especial (destruidor de agulhas) imediatamente após a utilização. NÃO partir, dobrar ou recauchutar as agulhas após a utilização.
10. Colocar a zaragatoa usada, a seringa e qualquer outro material contaminado num recipiente resistente a perfurações para eliminação adequada.

Colheita de sangue venoso com um tubo de vácuo:

O sistema Vacutainer é constituído por uma agulha de ponta dupla, um suporte ou adaptador de plástico e vários tubos de vácuo com rolhas de borracha de várias cores, consoante a amostra a colher. A cor do tubo de vácuo indica o anticoagulante que contém. O sangue é recolhido diretamente da veia para o tubo.

Procedimento:

1. Colocar os dados de identificação do doente em cada tubo de vácuo e verificar se coincidem com o formulário.
2. Identificar a veia e limpar a área como descrito anteriormente. Aplicar um torniquete 3-4 polegadas acima da veia identificada. Não tocar no local da punção venosa após a limpeza.
3. Colocar o tubo de vácuo num suporte de plástico reutilizável e fixar-

lhe uma agulha descartável. Introduzir o tubo no suporte até que a parte superior da rolha fique nivelada com a linha de orientação marcada.

4. Colocar o braço do doente numa posição descendente para reduzir o risco de refluxo de qualquer anticoagulante para a circulação do doente.
5. Introduzir a agulha na veia. Empurrar o tubo para dentro da agulha, perfurando a rolha/selo de vácuo.
6. Retirar o torniquete logo que o sangue apareça no tubo. Não permitir que o conteúdo do tubo entre em contacto com a rolha
7. Não permitir que o conteúdo do tubo entre em contacto com a rolha durante o procedimento.
8. Se for necessária mais do que uma amostra, podem ser colocados tubos sucessivos no suporte, depois de retirado o tubo anterior, e o sangue pode ser colhido. A agulha permanece na veia. Enquanto cada tubo sucessivo está a ser enchido, o tubo anterior pode ser invertido suavemente para misturar bem a amostra. Não agitar vigorosamente, pois tal pode provocar a hemólise da amostra de sangue.
9. Depois de concluída a colheita de sangue, retirar o suporte e cobrir o local com uma compressa esterilizada e aplicar pressão até a hemorragia parar completamente.
10. Destruir a agulha no destruidor sem a voltar a encapar.

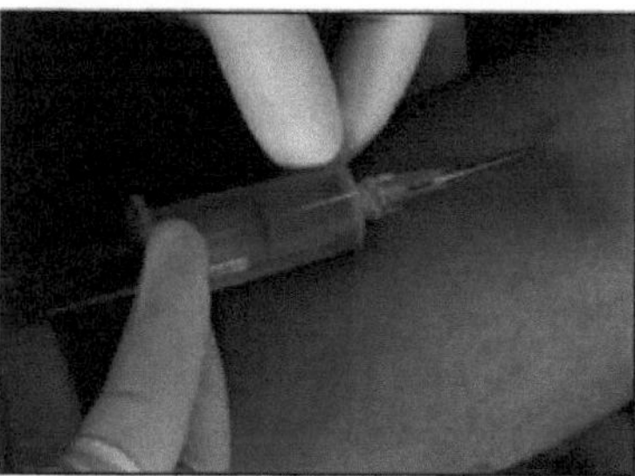

Figura 4. Colheita de sangue venoso com um tubo de vácuo

Tipos de tubos de vácuo:

Estão disponíveis tubos de vácuo com tampas de cores diferentes. Cada um contém um anticoagulante diferente e é utilizado para vários testes hematológicos, conforme descrito abaixo.

Cor da tampa	Anticoagulante	Teste
Púrpura	EDTA	hemograma completo
Vermelho	-	para testes que necessitam de soro
Azul	Citrato de sódio	testes de coagulação
Cinzento	fluoreto	açúcar no sangue

Colheita de sangue capilar

Pode ser obtida por punção cutânea com uma agulha ou lanceta e é especialmente utilizada em crianças pequenas ou adultos muito obesos nos quais a punção venosa não é possível. As amostras podem ser utilizadas para efetuar análises de sangue periférico, hematócrito/Hb e análises no local de prestação de cuidados.

Nos adultos, a amostra de sangue capilar pode ser obtida a partir da parte lateral da ponta do 3rd ou 4th dedo, enquanto nos bebés a amostra pode ser obtida através de uma punção profunda da superfície plantar do calcanhar.

Procedimento:

1. Limpar a zona com álcool a 70% e deixar secar espontaneamente. Perfurar a pele a uma profundidade de 2-3 mm com uma lanceta/agulha descartável esterilizada.
2. Limpar a primeira gota de sangue e apertar suavemente para permitir o livre fluxo de sangue e recolher a amostra. Numa punção adequada, devem sair espontaneamente grandes gotas de sangue. Não apertar com força, pois tal não permite obter resultados fiáveis.

Relatório: Foram estudadas técnicas gerais para a coleta de sangue.

EXPERIÊNCIA N.º 3

Objetivo: Exame microscópico do tecido epitelial.

Requisitos: Microscópio, lâmina.

Teoria: Tecido Epitelial: (Epithel-Covering, lay on). O tecido epitelial é constituído por células dispostas em lâminas contínuas em camadas simples ou múltiplas. É o tecido de revestimento, cobertura e glandular do corpo. O tecido epitelial desempenha diferentes funções no organismo, como a proteção, a filtração, a secreção, a absorção e a excreção. Existem os seguintes três tipos de tecidos epiteliais:

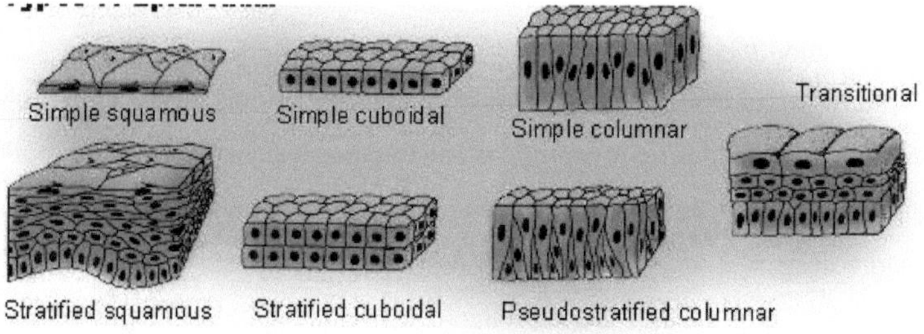

Figura 5. Tipos de tecidos epiteliais

Epitélio simples: Contém uma única camada de células e é de quatro tipos:

(a) Epitélio escamoso simples: Este tecido é constituído por uma única camada de células adiposas que se assemelha a um pavimento em mosaico quando visto a partir da superfície apical. O epitélio escamoso simples está presente em locais onde ocorrem os processos de filtração ou difusão.

(b) Epitélio cuboidal simples: É constituído por uma única camada de células em forma de cubo com um núcleo redondo e localizado centralmente. Este epitélio encontra-se em órgãos como a glândula tiroide e os rins. Desempenha as funções de secreção e absorção.

(c) Epitélio colunar simples: As células do epitélio colunar simples parecem colunas, com núcleos ovais perto da base. Estas células desempenham um papel na absorção e na secreção. As células do epitélio colunar simples podem ser ciliadas (contendo pêlos na superfície).

(d) Epitélio colunar pseudo-estratificado: O epitélio colunar pseudo-estratificado parece ter várias camadas porque os núcleos das células estão a várias profundidades. Embora todas as células estejam ligadas à membrana basal numa única camada, algumas células não se estendem até à superfície superior. No epitélio colunar pseudo-estratificado ciliado, as células segregam muco ou possuem cílios. O epitélio pseudo-estratificado colunar não ciliado contém células sem cílios e não possui células mucosas.

3. Epitélio dulcícola contém várias camadas de células. É mais durável e pode proteger melhor os tecidos subjacentes e é de quatro tipos:

(a) Epitélio escamoso suavizado: as camadas superiores deste epitélio são escamosas, as camadas mais profundas são cúpulas e as mais profundas podem ser colunares. Este tipo de epitélio encontra-se em locais que sofrem muita abrasão e desgaste. As suas principais funções são a proteção, a prevenção da perda de água e da invasão de substâncias estranhas. Este tipo de epitélio está geralmente presente na pele, no revestimento húmido da boca, do esófago e do

(b) Epitélio cuboidal estratificado: Trata-se de um tipo de epitélio bastante raro em que as células da camada superior são cuboidais. O epitélio cuboidal estratificado desempenha um papel de proteção, secreção e absorção.

(c) Epitélio colunar estratificado: É também um tipo de epitélio pouco comum. As camadas basais são constituídas por células encurtadas, de forma irregular, e só a camada superior tem células de forma colunar. Este tipo de epitélio tem funções de proteção e secreção. Está presente nos ductos das glândulas e na conjuntiva do olho.

(d) Epitélio de transição: O epitélio de transição está presente apenas no sistema urinário. No seu estado relaxado ou esticado para cima, o epitélio de transição parece um epitélio cuboidal estratificado. À medida que o tecido é esticado, as

suas células tornam-se mais achatadas, dando a aparência de epitélio escamoso estratificado. Permite que a bexiga urinária se estique para conter uma quantidade variável de fluido sem se romper.
(e) Epitélio glandular: A função do epitélio glandular é a secreção. As células glandulares encontram-se frequentemente em grupos profundos em relação ao epitélio de revestimento e de cobertura. Uma glândula é constituída por uma única célula ou por um grupo de células que segregam substâncias em condutas (tubos), numa superfície ou no sangue. Todas as glândulas do corpo são classificadas como endócrinas ou exócrinas.

Glândulas endócrinas: (endo-inside, crine-secretion). São as glândulas cujas secreções (hormonas) entram no fluido intersticial e depois se difundem diretamente na corrente sanguínea sem passar por um ducto. A hipófise, a tiroide e as glândulas supra-renais são exemplos de glândulas endócrinas.
Glândulas exócrinas: (Exo-exterior; crina-secreção). Estas glândulas segregam os seus produtos em condutas que se esvaziam na superfície da pele ou no lúmen de um órgão oco. As secreções das glândulas exócrinas incluem o muco, o suor, o óleo, a cera dos ouvidos, a saliva e as enzimas digestivas. Exemplos de glândulas exócrinas incluem as glândulas sudoníferas (sudoríparas), que produzem suor para ajudar a baixar a temperatura corporal, e as glândulas salivares, que segregam saliva.

Resultado: As células epiteliais humanas são estudadas.

EXPERIÊNCIA N.º 4

Objetivo: Exame microscópico do músculo cardíaco.

Requisitos: Microscópio, lâmina.

Teoria: O músculo cardíaco (também designado por músculo cardíaco ou miocárdio) é um dos três tipos de tecido muscular dos vertebrados, sendo os outros dois o músculo esquelético e o músculo liso. É um músculo involuntário, estriado, que constitui o tecido principal da parede do coração. O músculo cardíaco é altamente organizado e contém muitos tipos de células, incluindo fibroblastos, células musculares lisas e cardiomiócitos. O músculo cardíaco existe apenas no coração. Contém células musculares cardíacas, que executam acções altamente coordenadas que mantêm o coração a bombear e o sangue a circular por todo o corpo.

As células musculares cardíacas ou cardiomiócitos são as células de contração que permitem ao coração bombear. O tecido muscular cardíaco obtém a sua força e flexibilidade das suas células musculares cardíacas interligadas, ou fibras, a maioria das células musculares cardíacas contém um núcleo, mas algumas têm dois. O núcleo aloja todo o material genético da célula.

Quatro caraterísticas definem as células do tecido muscular cardíaco: Elas são involuntárias e intrinsecamente controladas, estriadas, ramificadas e com núcleo único. O músculo cardíaco é considerado um tecido involuntário porque é controlado inconscientemente por regiões do tronco cerebral e do hipotálamo.

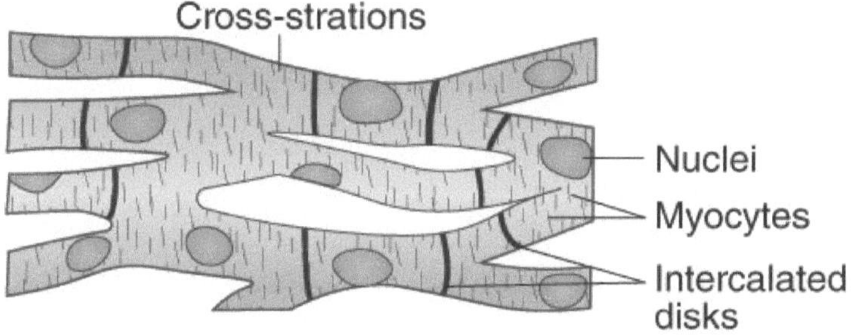

Figura 6. Estrutura do músculo cardíaco

Observações:

Estrias transversais ténues, presentes tanto no sentido longitudinal como no transversal. As fibras do músculo cardíaco são ramificadas, uninucleadas e muito mais curtas do que as dos músculos estriados. A presença de complexos juncionais é caraterística dos músculos cardíacos. Os músculos cardíacos estão presentes nas paredes do coração. São miogénicos, mas também são controlados pelo sistema nervoso autónomo. São involuntários e contraem-se ritmicamente ao longo da vida, sem se cansarem.

Resultado: Os músculos cardíacos são examinados ao microscópio.

EXPERIMENTO NO. 5

Objetivo: Exame microscópico do músculo liso.

Requisitos: Microscópio, lâmina.

Teoria: O músculo cardíaco (também chamado músculo cardíaco ou miocárdio) é um dos três tipos de tecido muscular dos vertebrados, sendo os outros dois o músculo esquelético e o músculo liso. É um músculo involuntário, estriado, que constitui o tecido principal da parede do coração. O músculo cardíaco é altamente organizado e contém muitos tipos de células, incluindo fibroblastos, células musculares lisas e cardiomiócitos. O músculo cardíaco existe apenas no coração. Contém células musculares cardíacas, que executam acções altamente coordenadas que mantêm o coração a bombear e o sangue a circular por todo o corpo.

As células musculares cardíacas ou cardiomiócitos são as células de contração que permitem ao coração bombear. O tecido muscular cardíaco obtém a sua força e flexibilidade das suas células musculares cardíacas interligadas, ou fibras, A maioria das células musculares cardíacas contém um núcleo, mas algumas têm dois. O núcleo aloja todo o material genético da célula.

Quatro caraterísticas definem as células do tecido muscular cardíaco: Elas são involuntárias e intrinsecamente controladas, estriadas, ramificadas e com núcleo único. O músculo cardíaco é considerado um tecido involuntário porque é controlado inconscientemente por regiões do tronco cerebral e do hipotálamo.

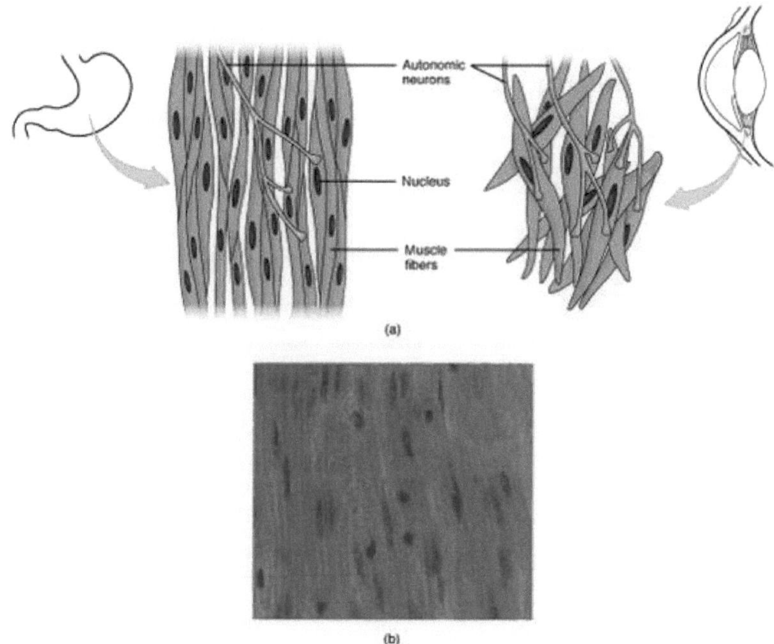

Figura 7. Estrutura do músculo liso

Observações:

Estriações transversais ténues, presentes tanto longitudinalmente como transversalmente. As fibras do músculo cardíaco são ramificadas, uninucleadas e muito mais curtas do que as dos músculos estriados A presença de complexos juncionais é caraterística dos músculos cardíacos. Os músculos cardíacos estão presentes nas paredes do coração. São miogénicos, mas também são controlados pelo sistema nervoso autónomo. São involuntários por natureza e contraem-se ritmicamente ao longo da vida sem se cansarem.

Resultado: O músculo liso foi examinado ao microscópio.

EXPERIÊNCIA N.º 6

Objetivo: Exame microscópico do músculo esquelético.

Requisitos: Microscópio, lâmina.

Teoria: O músculo cardíaco (também chamado músculo cardíaco ou miocárdio) é um dos três tipos de tecido muscular dos vertebrados, sendo os outros dois o músculo esquelético e o músculo liso. É um músculo involuntário, estriado, que constitui o tecido principal da parede do coração. O músculo cardíaco é altamente organizado e contém muitos tipos de células, incluindo fibroblastos, células musculares lisas e cardiomiócitos. O músculo cardíaco existe apenas no coração. Contém células musculares cardíacas, que executam acções altamente coordenadas que mantêm o coração a bombear e o sangue a circular por todo o corpo.

As células musculares cardíacas ou cardiomiócitos são as células de contração que permitem ao coração bombear. O tecido muscular cardíaco obtém a sua força e flexibilidade das suas células musculares cardíacas interligadas, ou fibras, a maioria das células musculares cardíacas contém um núcleo, mas algumas têm dois. O núcleo aloja todo o material genético da célula.

Quatro caraterísticas definem as células do tecido muscular cardíaco: Elas são involuntárias e intrinsecamente controladas, estriadas, ramificadas e com núcleo único. O músculo cardíaco é considerado um tecido involuntário porque é controlado inconscientemente por regiões do tronco cerebral e do hipotálamo.

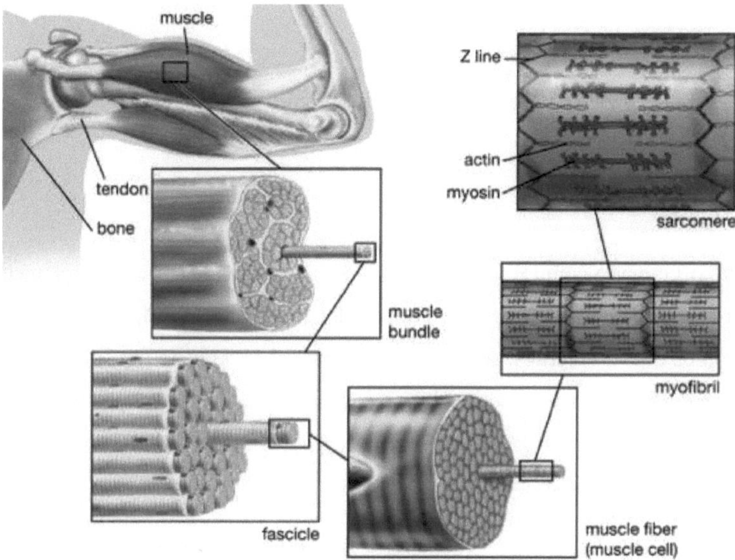

Figura 8. Estrutura do músculo esquelético

Observações:

Estrias transversais ténues, presentes tanto no sentido longitudinal como no transversal. As fibras do músculo cardíaco são ramificadas, uninucleadas e muito mais curtas do que as dos músculos estriados. A presença de complexos juncionais é caraterística dos músculos cardíacos. Os músculos cardíacos estão presentes nas paredes do coração. São miogénicos, mas também são controlados pelo sistema nervoso autónomo. São involuntários e contraem-se ritmicamente ao longo da vida, sem se cansarem.

Resultados: Os músculos cardíacos foram examinados ao microscópio.

EXPERIÊNCIA N.º 7

Objetivo: Exame microscópico do tecido conjuntivo.

Requisitos: Microscópio, lâmina.

Teoria: O tecido conjuntivo é um dos tecidos mais abundantes e amplamente distribuídos no corpo. Liga, suporta e fortalece outros tecidos do corpo, protege e isola os órgãos internos, serve como o principal sistema de transporte dentro do corpo (sangue, um tecido conjuntivo fluido). É a localização primária das reservas de energia armazenadas (tecido adiposo ou gordura) e é a principal fonte de respostas imunitárias.

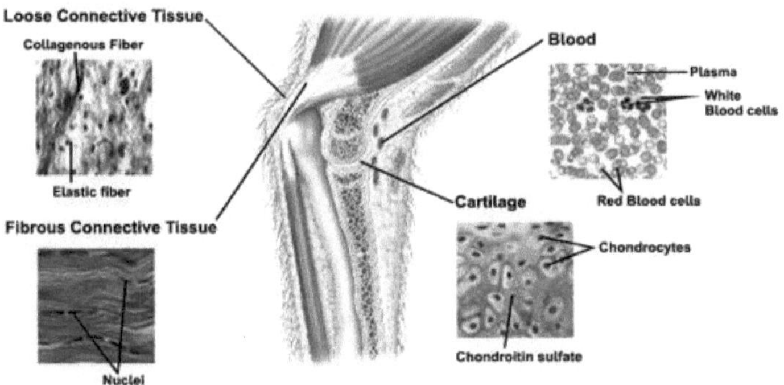

Figura 9. Estrutura do tecido conjuntivo

Classificação dos tecidos conjuntivos: Os tecidos conjuntivos podem ser divididos em 1) Tecido conjuntivo frouxo: No tecido conjuntivo frouxo, as fibras presentes entre as células estão dispostas de forma solta. O tecido conjuntivo frouxo contém mais células e menos fibras

(a) Tecido conjuntivo areolar: (Espaço areolar). Este é um dos tecidos conjuntivos mais amplamente distribuídos no corpo. Contém vários tipos de células e os três tipos de fibras incorporadas na substância fundamental. Devido à sua natureza areolar, actua como reservatório de água, sais e nutrientes. É também chamado material de embalagem, uma vez que está presente em quase todas as estruturas do corpo, por exemplo, pele e membrana mucosa. A sua função é fornecer força, elasticidade e suporte.

(b) Tecido conjuntivo adiposo: (Adipo-fat). Este tecido é constituído por células específicas chamadas adipócitos. Estes adipócitos são especializados em armazenar gordura e triglicéridos. O tecido adiposo forma uma camada por baixo da pele que isola o corpo do calor e do frio, protege o rim através de uma cápsula de gordura e protege a órbita do olho. Serve também de reserva energética, suporta e protege vários órgãos.

(c) Tecido conjuntivo reticular: Trata-se de uma rede delicada de fibras reticulares e de células reticulares que constitui a estrutura interna de certos órgãos moles, como o fígado e o baço. Tem por função filtrar e eliminar as células sanguíneas gastas e os micróbios nos gânglios linfáticos,

2) Tecido conjuntivo denso: O tecido conjuntivo denso contém mais fibras, mais numerosas, mais espessas e mais densas, mais compactadas e com menos células do que o tecido conjuntivo frouxo.

As células presentes principalmente no tecido conjuntivo denso são os fibroblastos. Existem três tipos: tecido conjuntivo denso regular, tecido conjuntivo denso irregular e tecido conjuntivo elástico.

(a) Tecido conjuntivo denso e regular: Contém principalmente fibras de colagénio dispostas regularmente em feixes e estão presentes poucos fibroblastos, dispostos em filas entre os feixes de fibras. Forma os tendões

(ligam o osso ao músculo) e os ligamentos (ligam o osso ao osso). Também proporciona fortes ligações entre várias estruturas.
(b) Tecido conjuntivo denso e irregular: Contém fibras de colagénio dispostas irregularmente com poucos fibroblastos presentes entre elas. Está presente nas camadas mais superficiais da pele e à volta dos músculos, cápsulas articulares, etc. Proporciona força de tração em várias direcções

(c) Tecido conjuntivo elástico: É constituído por fibras elásticas ramificadas e fibroblastos e está presente nos pulmões, nas artérias elásticas, na traqueia, etc. Devido às suas fibras elásticas, permite o alongamento de vários órgãos e recua após o alongamento

3) Cartilagem: É constituída por uma rede densa de colagénio e fibras elásticas. Pode suportar mais tensões do que o tecido conjuntivo frouxo e denso. Contém poucas células (condrócitos) e uma grande quantidade de material extracelular. Não possui irrigação sanguínea. Pode ser de três tipos: cartilagem hialina, cartilagem elástica e fibrocartilagem.

(a) Cartilagem hialina: A cartilagem hialina é a cartilagem mais abundante no corpo. É constituída por condrócitos embebidos em finas fibras de colagénio. A matriz extracelular apresenta-se como uma substância vítrea, branca azulada e brilhante. Proporciona flexibilidade e apoio nas articulações, reduz a fricção e absorve os choques. A cartilagem hialina é o mais fraco dos três tipos de cartilagem.

(b) Fibrocartilagem: Os condrócitos encontram-se dispersos entre feixes espessos e bem visíveis de fibras de colagénio na matriz extracelular da fibrocartilagem. Com uma combinação de força e rigidez, este tecido é o mais forte dos três tipos de cartilagem. Uma das localizações da fibrocartilagem são os discos intervertebrais, os discos entre as vértebras (espinhas dorsais). A sua principal função é suportar e unir as estruturas

(c) Cartilagem elástica: É constituída por condrócitos localizados no interior de uma rede tripla de fibras elásticas na matriz extracelular. A cartilagem elástica proporciona resistência e elasticidade e mantém a forma de certas estruturas, como o calcanhar externo

4) Tecido ósseo: O osso suporta os tecidos moles, protege estruturas delicadas e trabalha com os músculos esqueléticos para gerar movimento. O osso armazena cálcio e fósforo, aloja medula óssea vermelha, que produz células sanguíneas, e contém medula óssea amarela, um local de armazenamento de triglicéridos. A unidade básica do osso compacto é um ósteo ou sistema haversiano. Cada ósteo tem quatro partes: lâmina, lacuna, canaliculina e canal central (haversiano).

5) Tecido conjuntivo líquido: O tecido conjuntivo líquido é de dois tipos:

(a) Tecido sanguíneo (ou simplesmente sangue): É um tecido conjuntivo com uma matriz extracelular líquida. A matriz extracelular líquida é denominada plasma sanguíneo, que é um fluido amarelo-pálido constituído maioritariamente por água com uma grande variedade de substâncias dissolvidas, como nutrientes, resíduos, enzimas, proteínas plasmáticas, hormonas, gases respiratórios e fors As células estão suspensas no plasma sanguíneo, que inclui glóbulos vermelhos (eritrócitos), glóbulos brancos (leucócitos) e plaquetas (trombócitos).

(b) Linfa: É o fluido extracelular que circula nos vasos linfáticos. É um tecido conjuntivo constituído por vários tipos de células numa matriz extracelular líquida e transparente, semelhante ao plasma sanguíneo, mas com muito menos proteínas.

Resultados: Foram estudados os tecidos conjuntivos humanos.

EXPERIÊNCIA N.º 8

Objetivo: Exame microscópico do tecido nervoso.

Requisitos: Microscópio, lâmina.

Teoria: O tecido nervoso detecta alterações nas condições dentro e fora do corpo e responde gerando potenciais de ação (impulsos nervosos) que activam contracções musculares e secreções glandulares. O tecido nervoso é constituído por apenas dois tipos de células: Neurónios e Neuroglia.

1) Neurónios: Os neurónios são as células sensíveis a vários estímulos. Estes convertem vários estímulos em sinais eléctricos, chamados potenciais de ação (impulsos nervosos) e conduzem estes potenciais de ação a outros neurónios, ao tecido muscular ou às glândulas. Os neurónios são constituídos por três partes:

(a) Corpo celular: Contém o núcleo e outros organelos.

(b) Dendritos (dendr-árvore): São processos cónicos, ramificados e curtos e constituem a parte recetora de um neurónio.

(c) Axónio: Processo único, fino, cilíndrico e longo. É a porção de saída de um neurónio que conduz os impulsos nervosos para outro neurónio ou para outros tecidos.

2) Neuroglia: Estas células não geram nem conduzem impulsos nervosos, mas fornecem proteção e apoio aos neurónios. As células da neuroglia são de seis tipos: astrócitos, oligodendrócitos, microglia, células ependimárias, células de Schwann e células satélites.

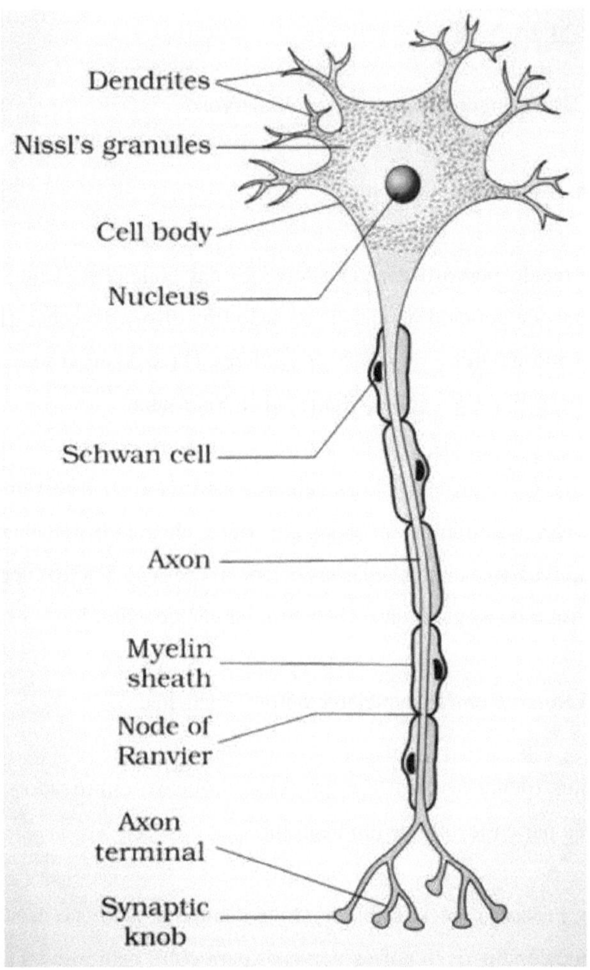

Figura 10. Estrutura do neurónio

Resultado: Os tecidos nervosos humanos são estudados.

EXPERIÊNCIA N.º 9

Objetivo: Estudo do esqueleto humano - esqueleto axial e esqueleto apendicular.

Teoria: O corpo humano tem um total de 206 ossos. Estes ossos estão divididos em duas categorias principais com base na sua localização e função: o esqueleto axial e o esqueleto apendicular.

Esqueleto axial (80 ossos):

1. **Crânio** (29 ossos):
   - Ossos cranianos (8): Frontal, Parietal (2), Temporal (2), Occipital, Esfenoidal, Etmoidal
   - Ossos faciais (14): Maxila (2), Mandíbula, Zigomático (2), Nasal (2), Lacrimal (2), Palatino (2), Conchas nasais inferiores (2), Vómer
   - Ossículos auditivos (6): Malleus (2), Incus (2), Stapes (2)
   - Osso hioide (1)
2. **Coluna Vertebral** (26 ossos):
   - Vértebras Cervicais (7)
   - Vértebras torácicas (12, com as costelas ligadas)
   - Vértebras lombares (5)
   - Sacro (1, composto por 5 vértebras fundidas)
   - Cóccix (1, composto por 4 vértebras fundidas)
3. **Gaiola torácica** (25 ossos):
   - Costeletas (24, 12 pares)
   - Esterno (1)

Esqueleto apendicular (126 ossos):

1. **Cintura peitoral** (4 ossos):
   - Clavícula (2)

- Escápula (2)

2. **Membro superior** (60 ossos):
    - Úmero (2)
    - Raio (2)
    - Ulna (2)
    - Carpos (16, 8 em cada pulso)
    - Metacarpos (10, 5 em cada mão)
    - Falanges (28, 14 em cada mão)
3. **Cintura pélvica** (2 ossos):
    - Ossos coxais (ossos da anca) - de cada lado (2)
4. **Membro inferior** (60 ossos):
    - Fémur (2)
    - Patela (2)
    - Tíbia (2)
    - Fíbula (2)
    - Tarsos (14, 7 em cada pé)
    - Metatarsos (10, 5 em cada pé)
    - Falanges (28, 14 em cada pé)

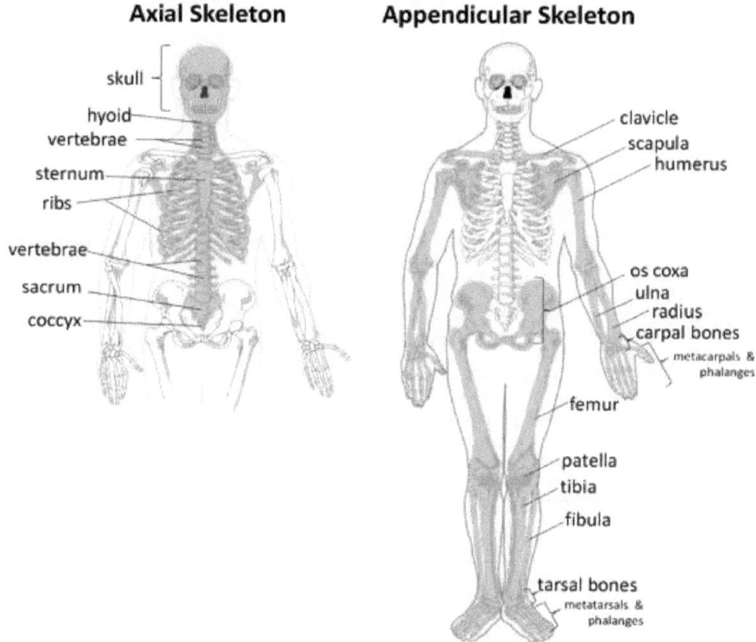

Figura 11. Esqueleto humano

Resultados: Foram estudados o esqueleto humano - o esqueleto axial e o esqueleto apendicular.

EXPERIÊNCIA Nº 10

Objetivo: Determinar o grupo sanguíneo de uma determinada amostra.

Requisitos: Azulejo de porcelana, sangue, anti-soros A, anti-soros B, anti-D.

Teoria: As superfícies dos eritrócitos contêm um conjunto de antigénios geneticamente determinado, composto por glicoproteínas e glicolípidos. Estes antigénios, chamados aglutinogénios, ocorrem em combinações caraterísticas. Com base na presença ou ausência de vários antigénios, o sangue é classificado em diferentes grupos sanguíneos. Dentro de um determinado grupo sanguíneo, podem existir dois ou mais tipos sanguíneos diferentes. Existem pelo menos 24 grupos sanguíneos e mais de 100 antigénios que podem ser detectados na superfície dos glóbulos vermelhos. Os dois principais grupos sanguíneos são ABO e Rh.

Grupo sanguíneo ABO: O grupo sanguíneo ABO baseia-se em dois antigénios glicolipídicos denominados A e B. Uma pessoa cujas hemácias apresentam apenas o antigénio A tem sangue do tipo A. As que têm apenas o antigénio B são do tipo B. Os indivíduos que têm ambos os antigénios A e B são do tipo AB; os que não têm nem A nem B são do tipo O. As pessoas que têm apenas o antigénio B são do tipo B. As pessoas que têm ambos os antigénios A e B são do tipo AB; as que não têm nem o antigénio A nem o B são do tipo O.

O plasma sanguíneo contém normalmente anticorpos chamados aglutininas que reagem com os antigénios A ou B se os dois estiverem misturados. Estes são o anticorpo anti-A, que reage com o antigénio A, e o anticorpo anti-B, que reage com o antigénio B.

Tabela de observação:

Tipo de antigénio	**Reação**	**Inferências**
Antigénio A	Aglutinação	Um grupo presente
	Sem aglutinação	Um grupo não presente

Antigénio B	Aglutinação	Grupo B presente
	Sem aglutinação	Grupo B não presente
Antigénio D	Aglutinação	Rh positivo
	Sem aglutinação	Rh negativo

Se a aglutinação estiver presente em ambos os círculos 1 e 2, então o grupo sanguíneo - AB

Se a aglutinação estiver ausente em ambos os círculos 1 e 2, então o grupo sanguíneo - O

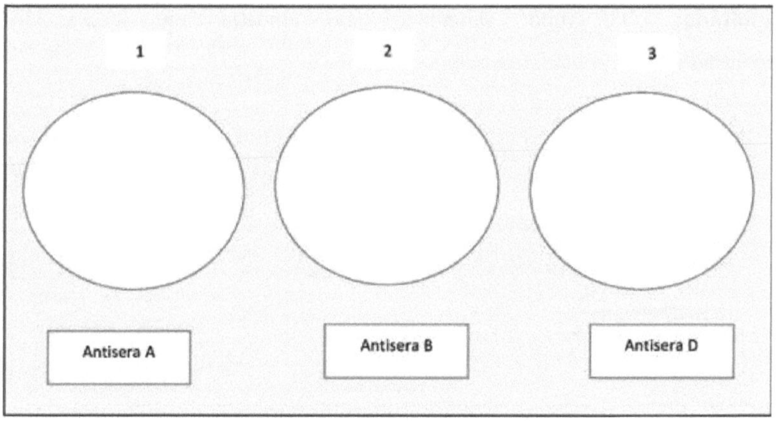

Figura 12. Deslizamentos

Procedimento:

1. Pegar num porcelanato limpo e seco e colocar uma gota de soros antissoro A, antissoro B e anti-D, respetivamente.
2. Adicionar uma gota de sangue a cada um e misturar bem. Aguardar um minuto e observar a aglutinação.
3. Se houver aglutinação, esta é confirmada ao microscópio.

4. Se a aglutinação estiver presente no anti-A, então o sangue pertence ao grupo A.

5. Se a aglutinação estiver presente no anti-B, então o sangue pertence ao grupo sanguíneo B.

6. Se a aglutinação estiver presente em ambos, então o sangue pertence ao grupo sanguíneo AB.

7. Se a aglutinação estiver ausente em ambos, então o sangue pertence ao grupo sanguíneo O.

8. Se houver aglutinação no anti-D, o sangue é Rh +ve, caso contrário, Rh-ve.

Resultado: O grupo sanguíneo da amostra em causa foi encontrado.................................

EXPERIÊNCIA N.º 11

Objetivo: Determinar a velocidade de sedimentação eritrocitária (VSG) de uma determinada amostra.

Requisitos: Sangue anticoagulado (EDTA, oxalato duplo), pipeta de Pauster, temporizador, tubo de Wintrobe, suporte de Wintrobe.

Teoria: A velocidade de sedimentação de eritrócitos (VSG) é um teste hematológico comum para a deteção não específica de inflamação que pode ser causada por infecções, alguns cancros e certas doenças auto-imunes. A VSG é definida como a velocidade de sedimentação das hemácias num período de uma hora.

Princípio: Quando se deixa o sangue anticoagulado repousar num tubo de vidro vertical estreito, sem ser perturbado durante um período de tempo, as hemácias - devido à força gravitacional - depositam-se no fundo do tubo a partir do plasma. A velocidade a que se depositam é medida como o número de milímetros de plasma transparente presente no topo da coluna após uma hora (mm/h).

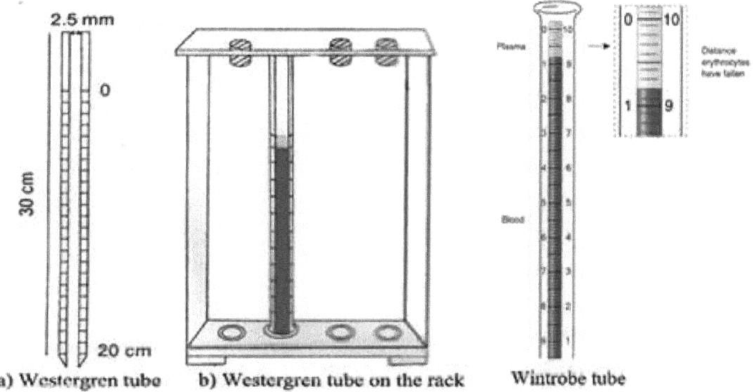

a) Westergren tube b) Westergren tube on the rack Wintrobe tube

Figura 13. Pipeta de Pauster, tubo de Wintrobe, tubo de Westergren

Procedimento:

1. Misturar o sangue com um anticoagulante.

2. Utilizando uma pipeta de Pauster, transfere-se o sangue para o tubo de Wintrobe. O tubo é mantido no suporte de Wintrobe sem ser perturbado durante uma hora. A VSG é determinada após uma hora.

Método de Westergren: É melhor do que o método de Wintrobe. A leitura obtida é ampliada porque a coluna é mais longa. O tubo de Westergren é aberto em ambas as extremidades. Tem 30 cm de comprimento e 2,5 mm de diâmetro. O cm inferior está marcado com 0 em cima e 200 em baixo. Contém cerca de 2 ml de sangue.

Valor normal: Homens: 0-10 mm/hora, mulheres: 0-15 mm/hora.

Significado clínico da VSG:

A VSG aumenta em todos os tipos de anemia, exceto na anemia falciforme.

A VHS aumenta no VIH, tuberculose (TB) e artrite.

A VHS diminui na policitemia, na desidratação e na febre de Dengue.

Resultado: A taxa de sedimentação eritrocitária (ESR) da amostra em causa foi de .... mm/hr.

EXPERIÊNCIA N.º 12

Objetivo: Determinar o teor de hemoglobina de uma determinada amostra.

Requisitos: Hematómetro de Sahli, N/10 HCI, amostra de sangue, água destilada.

Princípio: A hemoglobina é convertida em hematina ácida através da adição de N/10 HCI. Aparece uma cor castanha, que é comparada com os blocos de referência de vidro castanho padrão. A formação de hematina ácida depende da quantidade de hemoglobina presente na amostra de sangue.

Teoria: Cada hemácia contém cerca de 280 milhões de moléculas de hemoglobina. Uma molécula de hemoglobina é constituída por uma proteína chamada globina, composta por quatro cadeias polipeptídicas (duas cadeias alfa e duas cadeias beta) e um pigmento não proteico em forma de anel, chamado heme, ligado a cada uma das quatro cadeias. No centro de cada anel heme encontra-se um ião de ferro (Fe) que se pode combinar reversivelmente com uma molécula de oxigénio, permitindo que cada molécula de hemoglobina se ligue a quatro moléculas de oxigénio. Cada molécula de oxigénio recolhida dos pulmões está ligada a um ião de ferro. Quando o sangue flui através dos capilares dos tecidos, a reação ferro-oxigénio inverte-se. A hemoglobina liberta oxigénio, que se difunde primeiro para o líquido intersticial e depois para as células.

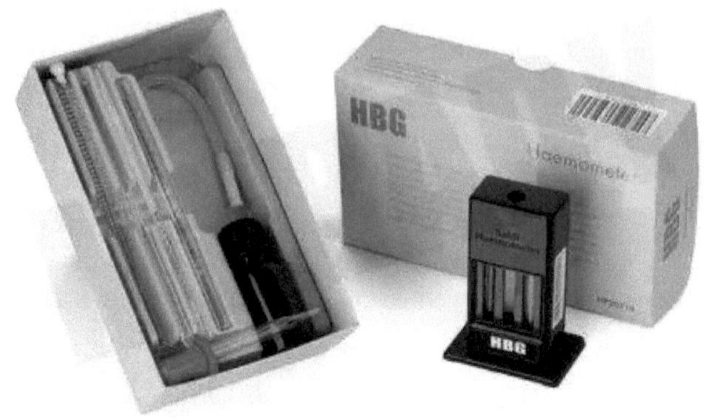

Figura 14. Hemómetro de Sahli

Procedimento:

1. Colocar ácido clorídrico N/10 num tubo graduado até à marca mais baixa.

2. Limpar a ponta do dedo com algodão embebido em álcool. Pegar num punção esterilizado e fazer uma picada forte. Aguardar algum tempo até que se forme uma gota completa.

3. Colher sangue com a pipeta de Sahli até à marca de 20 µl. Deve ter-se o cuidado de evitar a formação de bolhas de ar.

4. Em seguida, deitar o sangue no tubo da Hb, aguardar algum tempo até que o ácido reaja com a Hb e se transforme em hematina ácida. Forma-se uma cor castanha.

5. De seguida, adicionar água destilada gota a gota. Misturar bem até que a cor coincida com a do suporte do comparador.

6. Anota-se o nível do líquido no seu menisco mais baixo e lê-se a leitura correspondente ao seu nível na escala em gm/100 ml ou em percentagem de gramas.

Valores normais:

Machos = 14 a 18 gm%

Fêmeas 13 a 14 gm%

Crianças 10 a 13 gm%

Resultado: O teor de Hb da amostra dada é.............gm %.

EXPERIÊNCIA N.º 13

Objetivo: Determinar o tempo de sangramento do sangue.

Requisitos: Agulha, tubo capilar.

Teoria: O tempo necessário para a paragem completa do fluxo sanguíneo dos vasos sanguíneos perfurados é designado por tempo de hemorragia. Normalmente, é de 1-4 minutos para o sangue humano normal. Os valores normais do tempo de coagulação e do tempo de hemorragia diferem porque o tempo de hemorragia é o tempo necessário para parar a hemorragia através da formação de uma rede de fibrina na superfície da pele perfurada; trata-se de um fenómeno de superfície. Geralmente, o tempo de hemorragia é determinado pelo método de Duke.

A hemostase é uma sequência de respostas que pára a hemorragia. Quando os vasos sanguíneos são danificados ou rompidos, a resposta hemostática deve ser rápida, localizada na região do dano e cuidadosamente controlada para ser eficaz. Três mecanismos reduzem a perda de sangue:

(1) Espasmo vascular

(2) Formação de tampões de plaquetas

(3) Coagulação do sangue (coagulação)

Quando bem sucedida, a hemostase impede a hemorragia, a perda de uma grande quantidade de sangue dos vasos.

Procedimento:

Para o tempo de sangramento:

1. Picar o dedo com a agulha.
2. Anotar a hora.

3. Limpar o sangue do ponto de hemorragia com papel de filtro de 30 em 30 segundos até a hemorragia parar.
4. Registar o tempo necessário para parar a hemorragia. O valor normal é de 2-4 minutos.

Observações:

Tempo (segundos)	Resposta - Mancha de sangue
60	Presente/ausente
90	Presente/ausente
120	Presente/ausente
150	Presente/ausente
180	Presente/ausente
210	Presente/ausente
240	Presente/ausente

Resultado: O tempo de hemorragia foi de .... minutos.

EXPERIÊNCIA N.º 14

Objetivo: Determinar o tempo de coagulação do sangue.

Requisitos: Agulha, tubo capilar.

Teoria: Normalmente, o sangue permanece na sua forma líquida enquanto se mantiver dentro dos vasos. Quando o sangue é derramado, perde a sua fluidez em poucos minutos e transforma-se numa geleia semi-sólida. Este fenómeno é designado por coagulação ou coagulação. O tempo normal de coagulação é de 3-8 minutos. A coagulação envolve uma série de reacções químicas que resultam na formação de fios de fibrina. A coagulação envolve várias substâncias conhecidas como factores de coagulação. Geralmente, o tempo de coagulação é determinado pelo método capilar.

Observações:

Tempo (segundos)	Resposta - Estrutura fibrosa
240	Presente/ausente
270	Presente/ausente
300	Presente/ausente
330	Presente/ausente
360	Presente/ausente
390	Presente/ausente
420	Presente/ausente
450	Presente/ausente
480	Presente/ausente

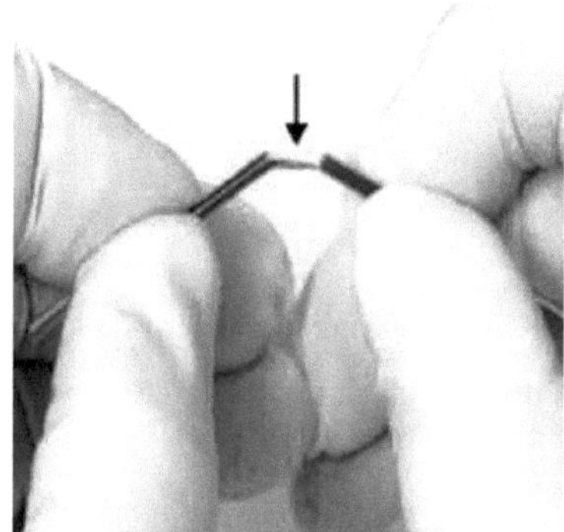

Figura 15. Fibrina em tubo capilar

Procedimento:

1. Picar o dedo e anotar a hora.
2. Colher uma pequena quantidade de sangue no tubo capilar
3. O cronómetro é iniciado.
4. Partir o tubo no final de cada 30 segundos.
5. Registar o momento em que se observa um coágulo entre os dois extremos do tempo.
6. O valor normal é de 4-8 minutos.

Resultado: O tempo de coagulação foi de .... minutos.

EXPERIÊNCIA N.º 15

Objetivo: Determinar o número de leucócitos presentes numa determinada amostra de sangue.

Requisitos: Pipeta WBCS, câmara de contagem de Neubauer, lamela, líquido de contagem de leucócitos, sangue e microscópio.

Teoria: Os glóbulos brancos ou leucócitos (leuco-branco, célula-cito) têm núcleo e não contêm hemoglobina. Os leucócitos são classificados como granulares ou agranulares, consoante contenham grânulos citoplasmáticos visíveis por coloração, quando observados através de um microscópio ótico. Os leucócitos granulares incluem: eosinófilos, basófilos e neutrófilos, enquanto os leucócitos agranulares incluem;

linfócitos e monócitos. Estão presentes 5000-10000 leucócitos por µl de sangue.

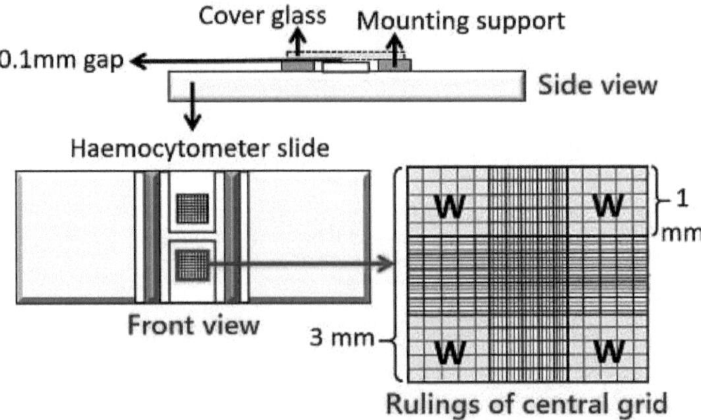

Figura 16. Câmara de contagem de Neubauer

Observação:

Retângulo	N.º de células
1	
2	
3	
4	
Total (n.º de células)	=

Cálculos:

$$\text{WBCs} = \frac{\text{no. of cells counted} \times \text{dilution factor } \times \text{depth factor}}{\text{area counted}}$$

$$\text{WBCs} = \frac{\text{no. of cells counted} \times \frac{1}{20} \times \frac{1}{10}}{4}$$

= ....células/µl

Procedimento:

1. Esterilizar a ponta do dedo com álcool
2. Fazer uma picada com a lanceta e aspirar o sangue com a pipeta de leucócitos até à marca de 0,5.
3. O excesso de sangue colado à ponta da pipeta deve ser imediatamente eliminado.
4. Desenhar um líquido diluído até 11 pontos.
5. Rodar a pipeta entre o polegar e o indicador durante um minuto
6. Deitar fora as primeiras gotas.
7. Colocar a câmara de contagem na platina do microscópio.
8. Aplicar a lamela de cobertura sobre as réguas de Neubauer.
9. Aplicar uma gota de fluido tocando apenas no bordo da câmara.

10. Aguardar 5 minutos para que as células assentem.

11. Contar os leucócitos em quatro quadrados de cobertura grandes sob 10X e calcular os leucócitos em 1 ml.

Resultado: A amostra de sangue em causa contém.......................células/ul.

EXPERIÊNCIA N.º 16

Objetivo: Determinar o número de hemácias presentes numa determinada amostra de sangue.

Requisitos: Pipeta de hemácias, câmara de contagem de Neubauer, lamela, líquido de contagem de hemácias, sangue e microscópio.

Teoria: Os glóbulos vermelhos (hemácias) ou eritrócitos (eritro-vermelho; cito-célula) são discos bicôncavos com um diâmetro de 7-8 μm. Contêm a proteína hemoglobina, que transporta o oxigénio e é o pigmento que dá a cor vermelha ao sangue total. As hemácias não têm núcleo nem outros organelos e não podem reproduzir-se nem realizar actividades metabólicas extensas. Têm uma membrana plasmática forte e flexível, o que permite que se deformem sem se romperem ao se espremerem em capilares estreitos. Um homem adulto saudável tem cerca de 5,4 milhões de glóbulos vermelhos por microlitro (ul) de sangue e uma mulher adulta saudável tem cerca de 4,8 milhões de glóbulos vermelhos.

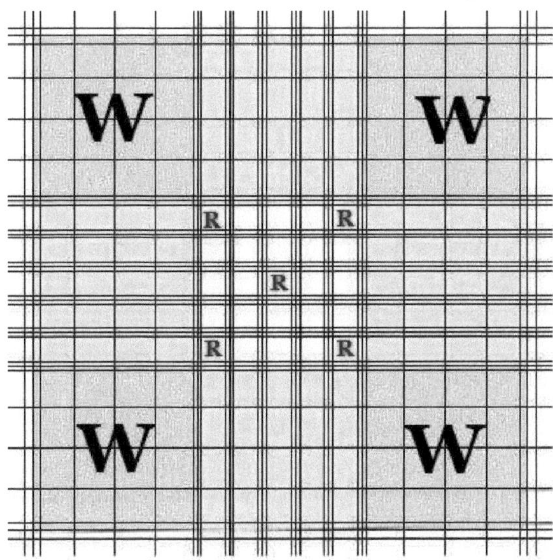

Figura 17. Câmara de contagem de Neubauer

Observação:

Retângulo	**N.º de células**
1	
2	
3	
4	
Total (n.º de células)	=

Cálculos:

$$\text{RBCs} = \frac{\text{no. of cells counted} \times \text{dilution factor} \times \text{depth factor}}{\text{area counted}}$$

$$\text{RBCs} = \frac{\text{no. of cells counted} \times \frac{1}{200} \times \frac{1}{4000}}{80}$$

= ....milhões de células/ml

Procedimento:

1. Esterilizar a ponta do dedo com álcool.

2. Fazer uma picada com a lanceta e aspirar o sangue com a pipeta de leucócitos até à marca de 0,5. 3. Limpar imediatamente o excesso de sangue que fica agarrado à ponta da pipeta.

4. Desenhar um líquido diluído até 11 pontos.

5. O líquido diluído é o citrato de formalina ou o líquido de hayems.

6. Rodar a pipeta entre o polegar e o indicador durante um minuto.

7. Deitar fora as primeiras gotas.

8. Colocar a câmara de contagem na platina do microscópio.

9. Aplicar a lamela de cobertura sobre as réguas de Neubauer.

10. Colocar uma gota sobre a câmara de contagem.

11. Aplicar uma película de cobertura sobre a gravata sem bolhas de ar.

12. Colocar a câmara ao microscópio. Contar as hemácias em 5 quadrados pequenos dos quadrados centrais principais que contêm 16 quadrados mais pequenos.

13. As células que tocam apenas as linhas superior e esquerda devem ser contadas para evitar repetições.

Resultado: A amostra em causa contém........................... milhões de células por ml.

EXPERIÊNCIA N.º 17

Objetivo: Registar a tensão arterial de um indivíduo.

Requisitos: Estetoscópio e um esfigmomanómetro de mercúrio.

Teoria: A pressão sanguínea (P.S.) é definida como a pressão lateral exercida nas paredes dos vasos pelo sangue contido. Isto deve-se à musculatura e elasticidade das paredes dos vasos sanguíneos. A pressão sanguínea também depende da força exercida pelo coração quando bombeia o sangue. A pressão máxima durante a sístole é definida como pressão arterial sistólica, enquanto a pressão mínima durante a diástole é definida como pressão arterial diastólica. A diferença entre a pressão arterial sistólica e a diastólica é descrita como pressão de pulso. A pressão arterial sistólica média num adulto saudável é de 100-140 mmHg e a pressão arterial diastólica média é de 80-100 mmHg. A pressão de pulso média é de cerca de 30-50 mmHg.

Existem dois métodos utilizados para medir a tensão arterial com o esfigmomanómetro, que são

A. Método palpatório (sentir o pulso).
B. Método auscultatório (pulso auditivo).

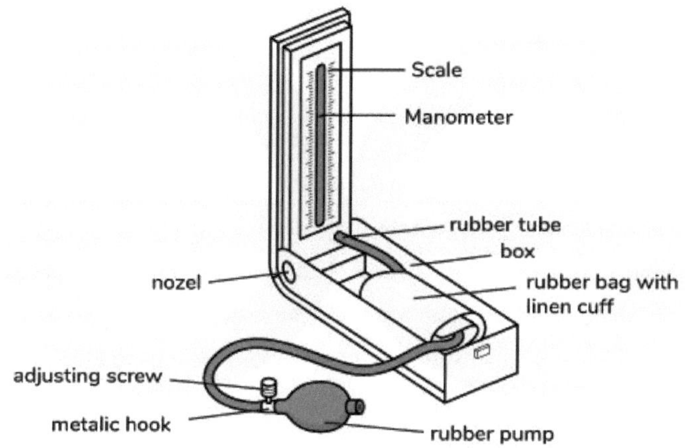

Figura 18. Esfigmomanómetro

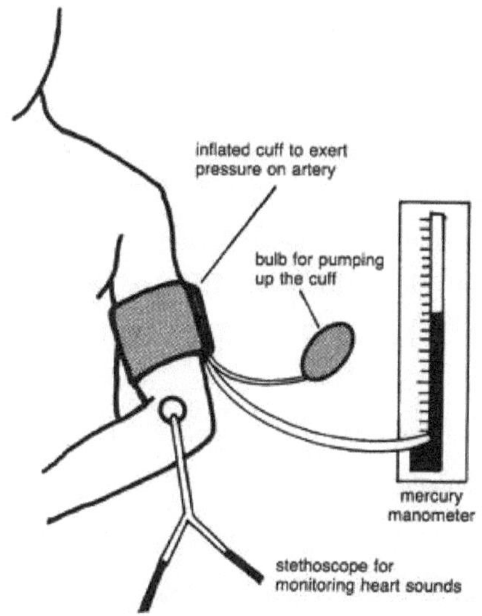

Figura 19. Monitorização da tensão arterial

Procedimento:

1 Pedir ao indivíduo que se sente ou se deite à vontade na marquesa, em posição supina. Retirar as peças de vestuário que envolvem o braço,

colocar o braço numa mesa e ajustar a posição de modo a que fique ao nível do coração.

2 Atar a braçadeira do esfigmomanómetro à volta do braço. Não deve estar nem demasiado apertada para causar desconforto ao indivíduo, nem demasiado solta para permitir o seu movimento à volta do braço.

3 Apalpar a artéria e marcar o seu trajeto na fossa cubital. Apalpar e marcar também o pulso radial no local onde se sente bem.

4 Colocar o manómetro ao lado do indivíduo, entre o seu braço e o corpo. Apertar o parafuso da bomba de borracha e premir a bomba para insuflar o saco. Insuflar para elevar o mercúrio até ao nível de 200 mm ou 20-25 mm Hg mais alto após o desaparecimento do pulso.

5 Manter os olhos fixos no nível do mercúrio e o dedo no pulso (que desapareceu) e libertar lentamente a pressão, desapertando a válvula da bomba de borracha. A leitura do nível do mercúrio quando o pulso reaparece dá a pressão sistólica. Trata-se de um método palpatório. Este método não dá qualquer ideia sobre a pressão diastólica.

6 No método auscultatório, após a insuflação habitual, a peça torácica do estetoscópio é colocada sobre a artéria brônquica na fossa cubital e a desinsuflação é iniciada libertando lentamente a pressão. A pressão à qual se ouve a batida súbita é a pressão sistólica. O som é abafado e desaparece. O nível a que o som é abafado é a pressão diastólica. O som ouvido é designado por som de Korokorr

Interpretação dos resultados

- A pressão arterial tendeu a baixar na posição de pé em comparação com a posição sentada, supina e supina com as pernas cruzadas.
- Se for dextro, é preferível medir a tensão arterial com o braço esquerdo. No entanto, pode usar o outro braço se o seu profissional de saúde lho

pedir. Uma grande diferença na medição da tensão arterial entre os dois braços pode ser sinal de um problema de saúde, como, por exemplo, artérias obstruídas (doença arterial periférica), declínio cognitivo e devido a Diabetes mellitus

- É normal que a tensão arterial sistólica suba entre 160 e 220 mmHg durante o exercício. A menos que o seu médico o tenha autorizado, pare de fazer exercício se a sua tensão arterial sistólica ultrapassar os 200 mmHg. Para além de 220 mmHg, o risco de problemas cardíacos aumenta.

Resultado: A pressão sanguínea foi de............ mmHg Sistólica e............. mmHg Diastólica.

EXPERIÊNCIA N.º 18

Objetivo: Registar a temperatura corporal com um termómetro.

Necessidade: Termómetro.

Teoria: Os seres humanos são animais de sangue quente e, por isso, têm a capacidade de regular a temperatura do seu corpo. Normalmente, a temperatura do corpo é mantida entre os 0,5 e os 0,5 ºC. O calor perde-se do corpo por várias vias: condução, convecção, radiação e evaporação. O calor perde-se principalmente através da pele, dos pulmões e das excreções. O tálamo desempenha um papel importante na conservação e na perda de calor do corpo. Existem no cérebro centros de arrepios e centros antirrepios que provocam a transpiração, a vasodilatação, etc., para aumentar a perda de calor. O aumento da temperatura corporal (pirexia e febre) ocorre devido à perturbação dos mecanismos de regulação do calor As toxinas, as infecções, a desidratação, a destruição dos tecidos, etc. também provocam um aumento da temperatura corporal sob a forma de várias actividades, como o aumento do metabolismo, da pressão sanguínea, do pulso, do débito cardíaco e da frequência respiratória.

O termómetro clínico é utilizado para medir a temperatura corporal. Difere de outros termómetros pela presença de uma torção apertada perto da junção do bolbo principal e do limbo capilar. Devido a este dispositivo, pequenas porções de mercúrio sobem acima da torção e separam-se do volume principal no bolbo. Permanece aí até ser sacudido. Normalmente, o termómetro clínico contém uma parte traseira achatada com revestimento branco que ajuda a ler o índice e também diminui o perigo de quebra por rolamento. As outras duas superfícies são curvas e servem de lente e ampliam a largura do mercúrio. Contêm a escala ou o índice de temperatura em graus centígrados e em graus Fahrenheit.

Procedimento:

1. Fazer descer o mercúrio até cerca de 95° F com um movimento rápido para baixo.
2. Colocar o termómetro numa posição em que os tecidos do corpo rodeiem completamente o bolbo. Estas posições estão disponíveis nas axilas ou na axila, na boca, na vagina e no reto. Normalmente, os termómetros são colocados na boca, debaixo da língua, nos adultos, e na axila das crianças.
3. Ao medir a temperatura na axila, esta deve estar seca, limpa e não exposta ao ambiente. Nenhuma dobra de roupa deve interferir no contacto do termómetro com a pele.
4. Ao medir a temperatura na boca, deve ter-se em atenção que o doente não tomou qualquer bebida quente ou fria antes do registo. A temperatura registada na boca é sempre meio grau mais elevada do que a temperatura axilar.
5. Normalmente, a temperatura pode ser registada durante meio minuto, conforme especificado pelo fabricante; no entanto, é seguro colocar o termómetro em posição durante o tempo máximo (2 min.).
6. Ler imediatamente o termómetro.
7. Após a utilização, deve ser limpo com água fria sob a torneira e enxugado com um guardanapo limpo.

Procedimento com termómetro digital:

1. Repor o termómetro premindo o botão de reposição.
2. Colocar o termómetro debaixo da língua.
3. Fechar a boca à volta do termómetro.
4. Deixe o aparelho no sítio até ouvir o sinal sonoro (normalmente um minuto ou menos).

5. Ler o nível indicado no ecrã digital.

6. Limpar o termómetro com um pano anti-sético ou com água morna.

7. Se utilizar termómetros para registar a temperatura oral e rectal, utilize dois termómetros diferentes, claramente rotulados.

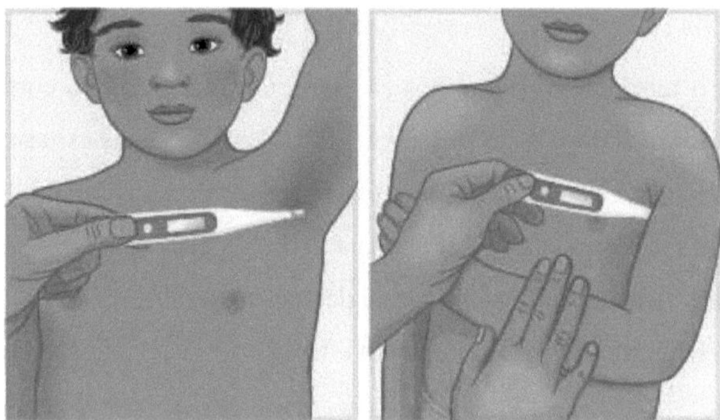

Figura 20. Termómetro na axila

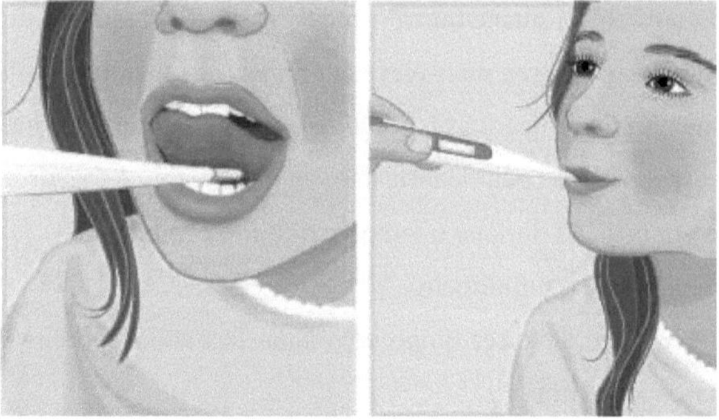

Figura 20. Termómetro na cavidade bucal

Observação:

Sl. Não.	Temperatura da axila (° F)	Temperatura da cavidade bucal (° F)
1		

2		
3		
Média		

Procedimento Utilização do termómetro de infravermelhos:

1. Preparar o sujeito e confirmar que a testa está limpa, seca e desobstruída e certificar-se de que a temperatura da testa não é influenciada por fontes externas.
2. A distância de medição em relação ao sujeito é muito diferente para cada termómetro de IV. Segurar o termómetro perpendicularmente à testa do sujeito a uma determinada distância.
3. Segure o dispositivo diretamente perpendicular à testa ou as leituras serão incorrectas.
4. Se estiver no exterior, certifique-se de que o objeto não está exposto à luz solar direta ou as leituras serão incorrectas.

Resultado: Verifica-se que a temperatura corporal é........... ºF.

EXPERIÊNCIA N.º 19

Objetivo: Examinar o pulso radial.

Necessidade: Um cronómetro.

Teoria: O pulso arterial é uma onda de aumento de pressão que se propaga centrifugamente com cada ejeção ventricular a uma velocidade crescente (4-10 m/seg.). O pulso arterial não se sincroniza em todas as artérias. A extensão do aumento da pressão não é a mesma em todo o lado, pelo que o exame do pulso radial é um dos passos importantes no exame clínico. A frequência e a qualidade do pulso permitem obter muitas informações sobre as doenças cardiovasculares. Os valores normais do pulso radial para um bebé são 130 batimentos/minuto, para um adulto normal são cerca de 70-75 batimentos/minuto.

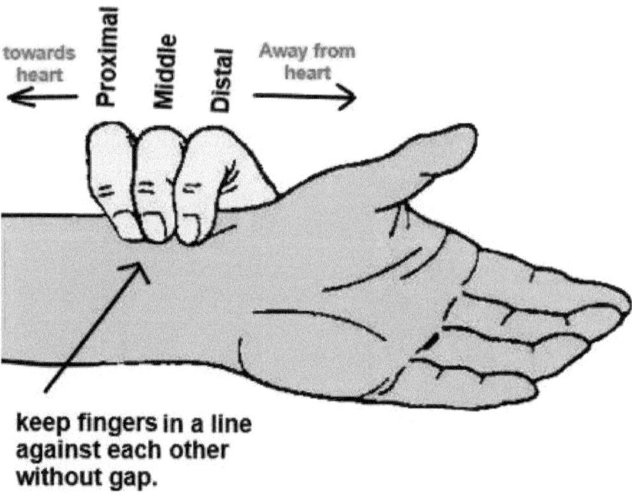

Figura 21. Exame do pulso radial

Observações:

Sl. Não.	Impulso radial
1	
2	
3	
Média	

Procedimento:

1. Pedir ao indivíduo que se sente confortavelmente e totalmente descontraído.
2. Segurar o antebraço direito do indivíduo em posição semi-propensa (ou seja, mantendo o dedo mínimo e o dedo superior a tocar na mesa).
3. Apalpar o pulso radial com os três dedos médios da mão direita.

Resultado: O pulso radial foi observado .... por minuto.

EXPERIÊNCIA Nº 20

Objetivo: Registar a frequência cardíaca.

Requisitos: Um cronómetro, estetoscópio.

Teoria: A frequência cardíaca é o número de vezes por minuto que o coração se contrai - o número de batimentos cardíacos por minuto (bpm). Normalmente é igual ou próximo do pulso medido em qualquer ponto periférico.

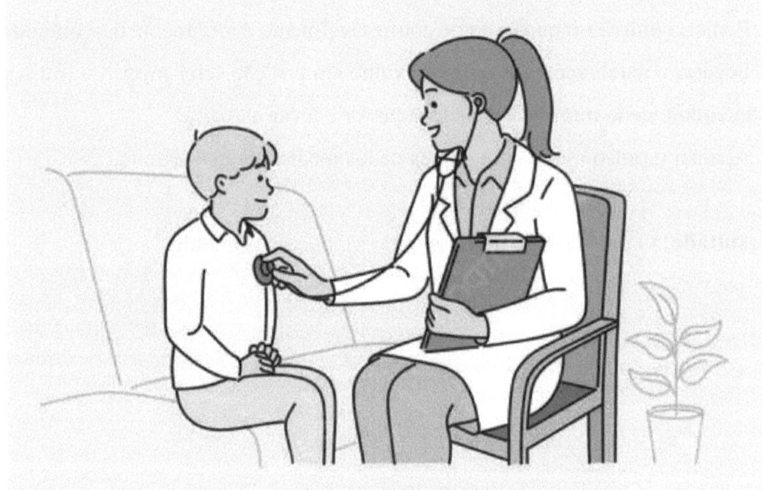

Figura 22. Exame da frequência cardíaca

Observações:

Sl. Não.	Frequência cardíaca
1	
2	
3	
Média	

Procedimento:

1. Colocar o estetoscópio no peito e ouvir o batimento cardíaco.
2. Conte o número de vezes que o seu coração bate em 60 segundos, que é a sua frequência cardíaca.

Resultado: A frequência cardíaca foi observada .... por minuto.

EXPERIÊNCIA Nº 21

Objetivo: Registar a frequência respiratória.

Teoria: A frequência respiratória refere-se ao número de respirações efectuadas por minuto. É um sinal vital que ajuda a avaliar a função respiratória e a saúde geral. A frequência respiratória normal para adultos em repouso é tipicamente entre 12 e 20 respirações por minuto. No entanto, vários factores podem influenciar a frequência respiratória, incluindo a idade, a aptidão física, o estado emocional, as condições médicas e a utilização de determinados medicamentos.

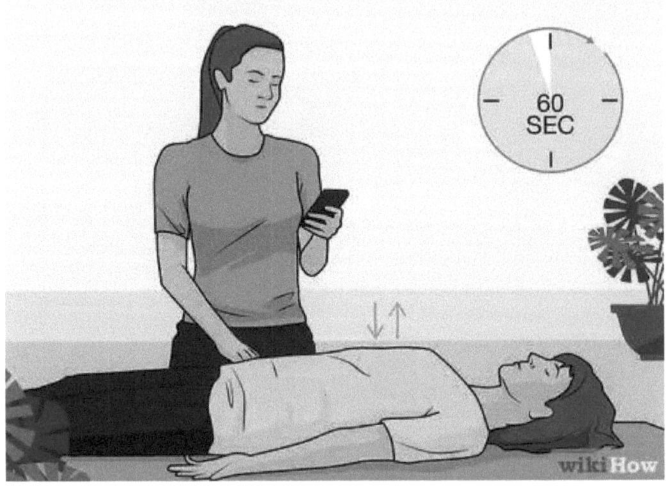

Figura 23. Observação da frequência respiratória

Gama normal:

- Adultos: 12 a 20 respirações por minuto
- Crianças (1-10 anos): 20 a 30 respirações por minuto
- Bebés (0-12 meses): 30 a 60 respirações por minuto

Factores que afectam a frequência respiratória:

- Exercício ou atividade física: Aumenta a frequência respiratória para responder ao aumento da procura de oxigénio.

- Estado emocional: A ansiedade ou o stress podem elevar a frequência respiratória.
- Temperatura corporal: A febre ou a hipertermia podem aumentar a frequência respiratória.
- Condições médicas: As doenças respiratórias (por exemplo, pneumonia, asma), a insuficiência cardíaca e os distúrbios metabólicos podem afetar a frequência respiratória.
- Medicamentos: Alguns medicamentos, como os opiáceos, podem deprimir a frequência respiratória.

Observações:

Sl. Não.	**Taxa de respiração**
1	
2	
3	
Média	

Procedimento:

1. Posicionar a pessoa confortavelmente, sentada ou deitada.
2. Explique à pessoa que vai contar as suas respirações.
3. Observar a subida e descida do peito ou do abdómen durante um minuto inteiro.
4. Contar cada inspiração e expiração completas como uma respiração.
5. Anotar o número total de respirações observadas num minuto.

Resultado: A taxa de respiração foi observada .... por minuto.

EXPERIÊNCIA N.º 22

Objetivo: Registar o oxigénio no pulso.

Requisito: Oxímetro de pulso.

Teoria: Um pulso representa a palpação arterial tátil do ciclo cardíaco por dedos treinados. O pulso pode ser palpado em qualquer lugar que permita a compressão de uma artéria perto da superfície do corpo, como no pescoço, pulso, virilha, atrás do joelho, perto da articulação do tornozelo e no pé.

A oximetria de pulso é um teste utilizado para medir o nível de oxigénio (saturação de oxigénio) do sangue. É uma medida fácil e indolor de como o oxigénio está a ser enviado para as partes do corpo mais afastadas do coração, como os braços e as pernas.

Procedimento:

1. Certifique-se de que as suas mãos estão à temperatura normal, aqueça-as um pouco se sentir que estão frias.
2. Descanse e relaxe o seu corpo antes de colocar o oxímetro de pulso.
3. Coloque o oxímetro de pulso no seu dedo indicador ou médio.
4. Colocar a mão no peito junto ao coração e tentar reduzir o movimento das mãos
5. Mantenha o oxímetro de pulso no seu dedo durante pelo menos um minuto, até a leitura estabilizar.
6. Registe a leitura mais alta que pisca no oxímetro depois de ter sido estabelecida após 5 segundos.

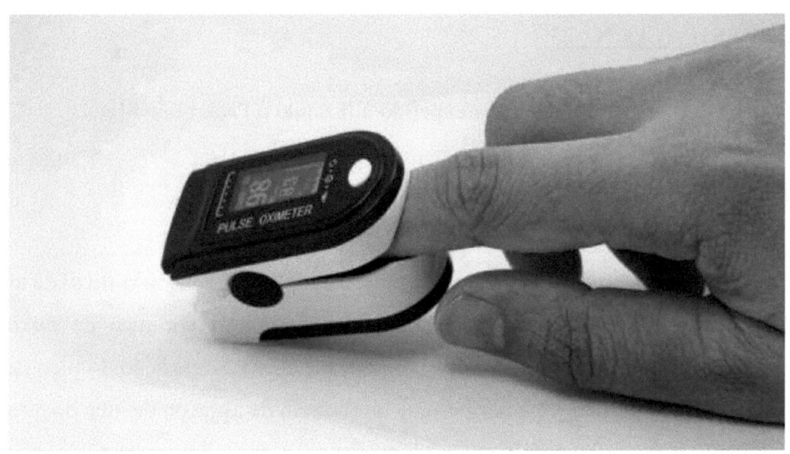

Figura 24. Oxímetro de pulso

Interpretação dos resultados: As leituras normais do oxímetro de pulso variam geralmente entre 95 e 100 por cento. Uma frequência cardíaca normal em repouso deve situar-se entre 60 e 100 batimentos por minuto. O nível de saturação de oxigénio situa-se entre 95% e 99%. Mas após o esforço, o nível desce para 92%.

Resultados: O oxigénio de pulso era de .... %.

EXPERIÊNCIA N.º 23

Objetivo: Registar a força do ar expelido utilizando o Peak Flow Meter.

Requisito: Medidor de caudal máximo

Teoria: A medição do pico de fluxo é um teste rápido para medir o fluxo de ar que sai dos pulmões. A medição é também designada por pico de fluxo expiratório (PEFR) ou pico de fluxo expiratório (PEF). A medição do pico de fluxo é feita principalmente por pessoas que sofrem de asma ou de uma doença pulmonar crónica de longa duração. A medição do pico de fluxo pode mostrar o volume e a taxa de ar que pode ser expelido à força dos pulmões. A medição deve ser iniciada após uma inalação pulmonar completa. Trata-se de um dispositivo portátil que mede a velocidade máxima a que o ar é expelido dos pulmões. A medição é registada em litros por minuto (L/min).

Procedimento:

- Deslocar o marcador para o fundo da escala numerada.
- Endireitar-se.
- Respira fundo. Enche os teus pulmões até ao fim.
- Prenda a respiração enquanto coloca a boquilha na boca, entre os dentes. Feche os lábios à volta da boquilha. Não colocar a língua contra ou dentro do orifício.
- Sopra o mais forte e rápido que conseguires num só golpe. O primeiro sopro de ar é o mais importante. Por isso, soprar durante mais tempo não afectará o resultado.
- Anote o número obtido. Mas, se tossiste ou não fizeste os passos corretamente, não escrevas o número. Em vez disso, repete os passos.
- Mova o marcador de volta para o fundo e repita todos estes passos mais 2 vezes. O mais alto dos 3 números é o seu número de pico de fluxo.

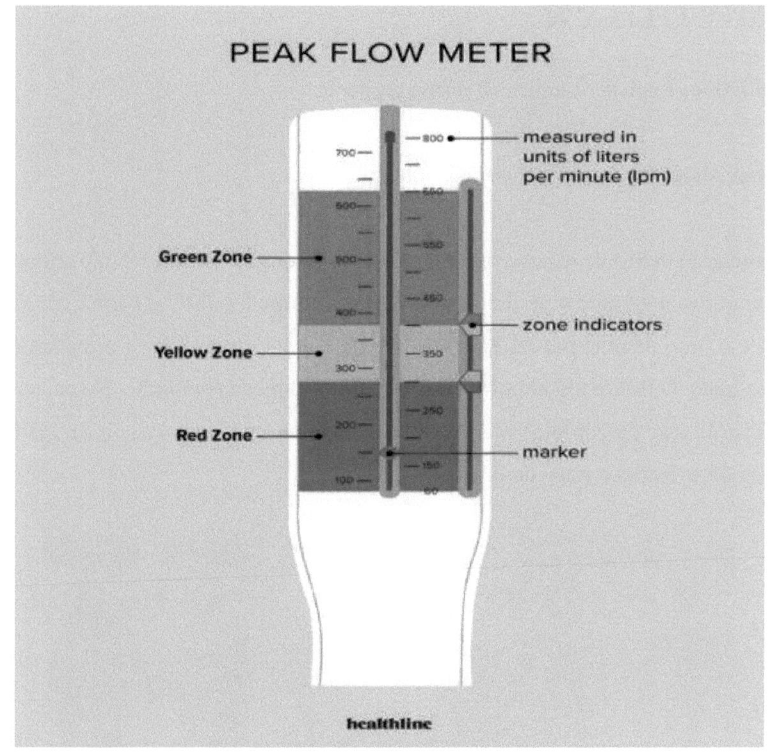

Figura 25. Medidor de caudal de pico

Observações:

Sl. Não.	*Caudal* expiratório (litros/minutos)
1	
2	
3	

Resultados: Verificou-se que a taxa de fluxo expiratório era de................... L/min.

EXPERIÊNCIA Nº 24

Objetivo: Registar o índice de massa corporal.

Requisitos: Fita métrica, balança, balança, caneta

Teoria: O índice de massa corporal ou índice de Quetelet é um cálculo simples que utiliza a altura e o peso de uma pessoa. A fórmula é IMC = kg/m², em que kg é o peso de uma pessoa em quilogramas e m2 é a sua altura em metros ao quadrado. O IMC é um indicador útil da saúde a nível da população. No entanto, a distribuição da gordura no corpo é mais importante do que a sua quantidade, quando se avalia o risco de doença.

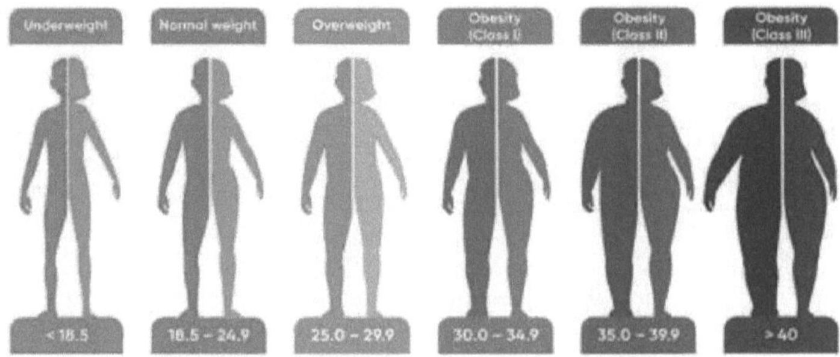

Figura 26. Escala do índice de massa corporal

Cálculo:

$$\text{BMI} = \frac{\text{Weight in kilogram}}{\left(\text{Height in meter}\right)^2}$$

IMC= .... kg/m²

Procedimento:

1. Medir e registar a altura em polegadas. Converte-a para metros.
2. Medir e registar o peso utilizando uma balança em quilogramas (kg).
3. Calcular o IMC através da fórmula: IMC = Peso (kg) Altura $(m)^2$

Resultado: O IMC é encontrado kg/m^2.

EXPERIÊNCIA N.º 25

Objetivo: Estudar o sistema cardiovascular através de um modelo.

Teoria: O sistema cardiovascular (cardio-coração; vascular-vasos sanguíneos) é constituído por três componentes inter-relacionados: o sangue, o coração e os vasos sanguíneos.

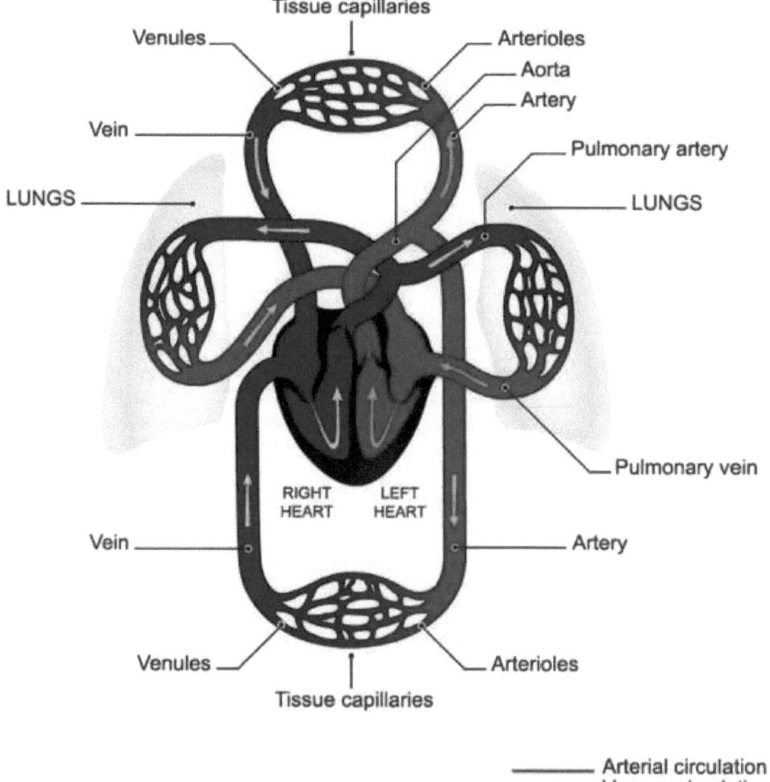

Figura 27. Sistema cardiovascular

Coração: O coração repousa sobre o diafragma, perto da linha média da cavidade torácica, no mediastino. Tem cerca de 12 cm de comprimento, 9 cm de largura no seu ponto mais largo e 6 cm de espessura, com uma massa média de 250 gm em mulheres adultas e 300 gm em homens adultos. Cerca de dois terços da massa do coração situam-se à esquerda da linha média do corpo. O ápice pontiagudo é formado pela ponta do ventrículo esquerdo (uma câmara inferior do coração) e assenta no diafragma. A base do coração é formada pelas aurículas (câmaras superiores) do coração, principalmente a aurícula esquerda.

Camadas da parede do coração: A parede do coração é constituída por três camadas:
(a) Epicárdio: É a camada exterior fina e transparente da parede do coração, também designada por camada visceral do pericárdio seroso. É composto por tecido conjuntivo delicado que confere uma textura lisa e escorregadia à superfície mais externa do coração.
(b) Miocárdio: É a camada intermédia constituída por tecido muscular cardíaco. Constitui cerca de 95% do coração e é responsável pela sua ação de bombeamento. Tem um carácter estriado e involuntário.
(c) Endocárdio: É a camada fina mais interna do endotélio. Fornece um revestimento liso para as câmaras do coração e cobre as válvulas do coração. Minimiza a fricção da superfície à medida que o sangue passa através do coração e dos vasos sanguíneos.

Câmaras do coração:

(a) Átrio direito: Forma a borda direita do coração. Recebe o sangue de três veias: a veia cava superior, a veia cava inferior e o seio coronário, e envia-o para o ventrículo direito através de uma válvula chamada válvula tricúspide ou válvula atrioventricular direita. O septo interatrial (septo - uma parede divisória) divide os dois átrios em átrio direito e átrio esquerdo.
(b) Ventrículo direito: Forma a maior parte da superfície anterior do coração. O interior do ventrículo direito contém uma série de cristas formadas por fibras

musculares cardíacas denominadas trabéculas-carneanas (trabéculas-pequenas vigas; carneanas-carnosas). As cúspides da válvula tricúspide estão ligadas a cordas tendinosas, as cordas tendíneas, que por sua vez estão ligadas a trabéculas cónicas chamadas músculos papilares (papill - mamilo). Internamente, o ventrículo direito está separado do ventrículo esquerdo pelo septo interventricular. O ventrículo direito recebe sangue da aurícula direita e passa-o para uma grande artéria chamada tronco pulmonar através da válvula pulmonar (válvula semilunar pulmonar). O tronco pulmonar divide-se em artérias pulmonares direita e esquerda, que transportam sangue para o pulmão direito e esquerdo, respetivamente, para a remoção de CO2. As artérias levam sempre o sangue para fora do coração.

(c) Átrio esquerdo: A aurícula esquerda tem aproximadamente a mesma espessura que a aurícula direita. Forma a maior parte da base do coração. Recebe sangue purificado dos pulmões através de quatro veias pulmonares. O sangue passa da aurícula esquerda para o ventrículo esquerdo através da válvula bicúspide (mitral), também chamada válvula atrioventricular esquerda.

(d) Ventrículo esquerdo: O ventrículo esquerdo é a câmara mais espessa do coração e forma o ápice do coração. Tal como o ventrículo direito, o ventrículo esquerdo também contém trabéculas e tem cordas tendíneas que fixam as cúspides da válvula bicúspide aos músculos papilares. O ventrículo esquerdo recebe sangue da aorta esquerda e da válvula bicúspide e passa-o para a aorta ascendente através da válvula aórtica (válvula semilunar aórtica). Da aorta ascendente, parte do sangue flui para as artérias coronárias, que transportam sangue para a parede do coração. O restante sangue passa para o arco da aorta e para a aorta descendente (aorta torácica e aorta abdominal). Os ramos do arco da aorta e da aorta descendente transportam o sangue para todo o corpo.

Sangue: O sangue é um tecido conjuntivo composto por uma matriz extracelular líquida denominada plasma sanguíneo que dissolve e suspende várias células e fragmentos de células. O sangue é mais denso e viscoso (mais espesso) do que a água e é ligeiramente pegajoso. A temperatura do sangue é de 38°C e o seu pH é ligeiramente alcalino, variando entre 7,35 e 7,45. A cor do sangue é vermelho vivo quando tem um elevado teor de oxigénio e vermelho escuro quando tem um baixo teor de oxigénio. O volume de sangue é de 5 a 6 litros num homem adulto de tamanho médio e de 4 a 5 litros numa mulher adulta de tamanho médio.

Componentes do sangue: O sangue tem dois componentes:

(1) O plasma sanguíneo é uma matriz extracelular líquida aquosa que contém substâncias dissolvidas, e

(2) Elementos formados, que são células e fragmentos de células

O sangue é constituído por cerca de 45% de elementos formados e 55% de plasma sanguíneo. Os elementos formados contêm 99% de glóbulos vermelhos (hemácias) e 1% de glóbulos brancos pálidos e incolores
(leucócitos) e plaquetas.

(1) Plasma sanguíneo: Quando os elementos formados são removidos do sangue, resta um líquido cor de palha chamado plasma sanguíneo (ou simplesmente plasma). O plasma sanguíneo é constituído por cerca de 91,5% de água, 7% de proteínas plasmáticas e 1,5% de outros solutos.

As proteínas plasmáticas são sintetizadas nas células do fígado e desempenham um papel na manutenção de uma pressão osmótica adequada no sangue, que é um fator importante na troca de fluidos através das paredes dos capilares. As principais proteínas plasmáticas são as albuminas (54% das proteínas plasmáticas), as globulinas (38%) e o fibrinogénio (7%). Estas proteínas plasmáticas são também designadas por anticorpos ou imunoglobulinas porque são produzidas durante determinadas respostas imunitárias.

Para além das proteínas, outros solutos no plasma incluem electrólitos, nutrientes, substâncias reguladoras como enzimas e hormonas, gases e produtos residuais como a ureia, o ácido úrico, a creatinina, o amoníaco e a bilirrubina.

(II) Elementos formados: Os elementos formados do sangue incluem três componentes principais

Glóbulos vermelhos (hemácias): Os glóbulos vermelhos (hemácias) ou eritrócitos (eritro-vermelho, cito-célula) são discos bicôncavos com um diâmetro de 7-8 µm. Contêm a hemoglobina, a proteína transportadora de oxigénio, que é o pigmento que dá ao sangue a sua cor vermelha. As hemácias não têm núcleo nem outros organelos e não podem reproduzir-se nem realizar actividades metabólicas extensas. Têm uma membrana plasmática forte e flexível, o que permite que se deformem sem se romperem ao se espremerem em capilares estreitos. Um homem adulto saudável tem cerca de 5,4 milhões de glóbulos vermelhos por microlitro (ul) de sangue e uma mulher adulta saudável tem cerca de 4,8 milhões de glóbulos vermelhos.
Os glóbulos brancos ou leucócitos: (leuco-brancos) têm núcleo e não contêm hemoglobina. Os leucócitos são classificados como granulares ou agranulares, consoante contenham grânulos citoplasmáticos visíveis através de coloração, quando observados num microscópio ótico.

Os leucócitos granulares incluem os eosinófilos, os basófilos e os neutrófilos, enquanto os leucócitos agranulares incluem os linfócitos e os monócitos. Estão presentes 5000-10000 leucócitos por ul de sangue.

Granulócitos ou Leucócitos Granulares:

Eosinófilos: produzem coloração vermelho-alaranjada com corantes ácidos. O núcleo do eosinófilo tem dois lóbulos ligados por uma cadeia espessa de cromatina. Os eosinófilos fagocitam complexos antigénio-anticorpo e são eficazes contra certos vermes parasitas.

Basófilos: produzem uma coloração azul-púrpura com corantes básicos. Os grânulos obscurecem o núcleo, que tem dois lóbulos. Estas substâncias intensificam a reação inflamatória e estão envolvidas em reacções de hipersensibilidade (alérgicas).

Neutrófilo: Os grânulos são mais pequenos, distribuídos uniformemente e de cor lilás pálido. O núcleo tem 2-5 lóbulos que estão ligados por filamentos muito finos de cromatina. Os neutrófilos respondem mais rapidamente à destruição dos tecidos por bactérias. São capazes de efetuar fagocitose.

Agranulócitos ou Leucócitos Agranulares:

- Linfócitos: O núcleo é redondo ou ligeiramente recortado e cora-se de forma escura. O citoplasma cora-se de azul celeste e forma uma borda à volta do núcleo. O diâmetro dos linfócitos varia de 6-9 µm a 10-14 µm.

- Monócitos: O núcleo dos monócitos tem a forma de rim ou de ferradura. O citoplasma é cinzento-azulado e tem um aspeto espumoso. O diâmetro do monócito é de 12-20 µm.

- Plaquetas: As plaquetas ou trombócitos são constituídos por fragmentos de células, encerrados na membrana plasmática. Estão presentes 150.000-400.000 plaquetas em cada grama de sangue. Cada plaqueta tem a forma de um disco, com 2-4 µm de diâmetro, e tem muitas vesículas mas não tem núcleo. As plaquetas ajudam a impedir a perda de sangue de vasos sanguíneos danificados, formando um tampão plaquetário. Os seus grânulos também contêm substâncias químicas que, uma vez libertadas, promovem a coagulação do sangue. As plaquetas têm um tempo de vida curto, normalmente apenas 5 a 9 dias. As plaquetas envelhecidas e mortas são eliminadas por macrófagos fixos no baço e no fígado.

Resultado: O sistema cardiovascular humano foi estudado.

EXPERIÊNCIA N.º 26

Objetivo: Estudar o sistema respiratório utilizando espécimes, modelos e gráficos.

Teoria: O sistema respiratório desempenha um papel na troca de oxigénio e dióxido de carbono entre o ar atmosférico, o sangue e as células dos tecidos. As reacções metabólicas no corpo humano utilizam o oxigénio (O_{2}) para produzir energia a partir dos nutrientes sob a forma de ATP. Ao mesmo tempo, estas reacções libertam dióxido de carbono (CO_{2}), que deve ser eliminado rapidamente para evitar a acidez devida ao CO_{2} Os sistemas respiratório e cardiovascular cooperam para fornecer O_{2} e eliminar o CO_{2} O sistema respiratório efectua as trocas gasosas, ou seja, a entrada de O_{2} e a eliminação de CO_{2} O sistema cardiovascular transporta estes gases através do sangue entre os pulmões e as células do corpo.

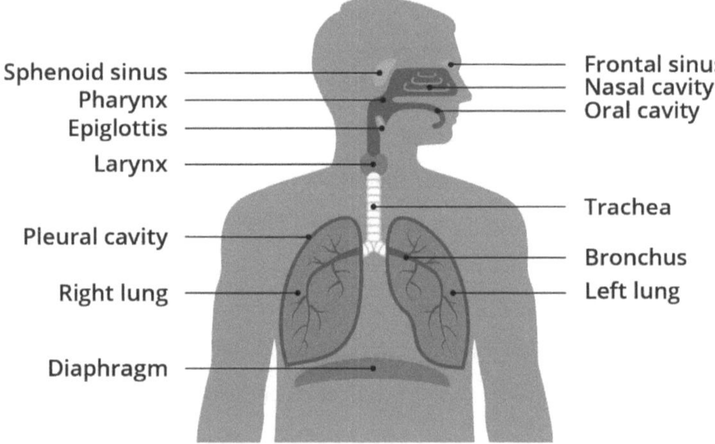

Figura 28. Sistema respiratório humano

1. Nariz: É o único órgão visível externamente do sistema respiratório. O nariz pode ser dividido em duas partes:

(a) Nariz externo: O nariz externo é constituído por uma estrutura de ossos e cartilagem hialina coberta por músculo e pele e revestida por uma membrana mucosa. Na superfície inferior do nariz externo existem duas aberturas denominadas narinas externas.

(b) Nariz interno: O nariz interno é uma cavidade maior e está presente inferiormente ao osso nasal e superiormente à boca. Anteriormente, funde-se com o nariz externo e, posteriormente, une-se à faringe através de duas aberturas denominadas narinas internas. O espaço dentro do nariz interno é chamado de cavidade nasal. Uma divisória vertical, denominada septo nasal, divide a cavidade nasal nos lados direito e esquerdo.

2. Faringe: É a junção entre a cavidade oral e a cavidade nasal e, inferiormente, está ligada à laringe e ao esófago. A laringe estabelece a ligação com o tubo de ventilação e o esófago estabelece a ligação com o sistema digestivo. As principais funções da faringe são o transporte de ar para o sistema respiratório e de alimentos para o sistema digestivo.

3. Laringe: A laringe ou caixa vocal é uma passagem curta que liga a laringofaringe à traqueia. Situa-se na linha média do pescoço, anteriormente ao esófago. É constituída por nove cartilagens. Uma das cartilagens, denominada epiglote, estende-se superiormente e forma uma tampa sobre a traqueia durante a deglutição, de modo a impedir a entrada de líquidos e alimentos no tubo de ventilação. A laringe actua como uma via de passagem e produz som através da modificação das vibrações do ar.

4. Traqueia: A traqueia ou tubo de ventilação é uma passagem tubular para o ar com cerca de 12 cm de comprimento e 2,5 cm de diâmetro. Situa-se anteriormente ao esófago e estende-se desde a laringe até ao bordo superior da quinta vértebra torácica (T5), onde se divide em brônquios primários direito e esquerdo.

5. Brônquios: Na borda superior da quinta vértebra torácica, a traqueia divide-se num brônquio primário direito que vai para o pulmão direito e num brônquio primário esquerdo que vai para o pulmão esquerdo. Ao entrar nos pulmões, os brônquios primários dividem-se para formar brônquios mais pequenos, os brônquios secundários (lobares), um para cada lobo do pulmão (o pulmão direito tem três lobos; o pulmão esquerdo tem dois). Os brônquios secundários continuam a ramificar-se, formando brônquios ainda mais pequenos, chamados brônquios terciários (segmentares), que se dividem em bronquíolos. Os bronquíolos, por sua vez, ramificam-se repetidamente, e os mais pequenos ramificam-se em tubos ainda mais pequenos chamados bronquíolos terminais. Esta extensa ramificação a partir da traqueia assemelha-se a uma árvore invertida e é comummente designada por árvore brônquica. Os bronquíolos terminais subdividem-se em ramos microscópicos denominados bronquíolos respiratórios. Os bronquíolos respiratórios, por sua vez, subdividem-se em vários canais alveolares. Em redor dos ductos alveolares encontram-se numerosos alvéolos e sacos alveolares. Na superfície exterior dos alvéolos, existe uma rede de capilares sanguíneos denominada capilares pulmonares. A troca de O2 e CO_2 entre os espaços aéreos dos pulmões e o sangue ocorre por difusão através dos alvéolos e capilares
paredes.

6. Pulmões: Os pulmões são órgãos emparelhados em forma de cone na cavidade torácica. Estão separados um do outro pelo coração e por outras estruturas no mediastino. Cada pulmão é envolvido e protegido por uma membrana de dupla camada, denominada membrana pleural. Entre as duas camadas da membrana pleural, existe um pequeno espaço que se designa por cavidade pleural.

A porção inferior larga do pulmão é chamada de base e está presente sobre o diafragma. A porção superior estreita do pulmão é chamada de ápice. A superfície medial de cada pulmão contém uma região denominada hilo, através da qual entram e saem brônquios, vasos sanguíneos pulmonares, vasos linfáticos e nervos. Medialmente, o pulmão esquerdo também contém uma concavidade denominada incisura cardíaca, na qual se encontra o coração.

Cada pulmão é ainda dividido em lóbulos pelas fissuras. O pulmão direito divide-se em três lobos (lobo superior, lobo médio e lobo inferior) através de fissuras horizontais e oblíquas. O pulmão esquerdo divide-se em dois lobos (lobo superior e lobo inferior) através de fissuras oblíquas. Cada lóbulo está ainda dividido em vários lóbulos pequenos.

Resultado: O sistema respiratório humano foi estudado.

EXPERIÊNCIA N.º 27

Objetivo: Estudar o sistema digestivo utilizando espécimes, modelos e gráficos.

Teoria: O sistema digestivo é um sistema do corpo que decompõe os alimentos em formas que podem ser absorvidas e utilizadas pelas células do corpo. Também absorve água, vitaminas e minerais e elimina os resíduos do corpo. O sistema decompõe as moléculas maiores presentes nos alimentos em moléculas suficientemente pequenas para entrarem nas células do corpo através de um processo conhecido como digestão. Os órgãos que participam na decomposição dos alimentos são designados coletivamente por sistema digestivo. O sistema digestivo é um sistema tubular que se estende desde a boca até ao ânus.

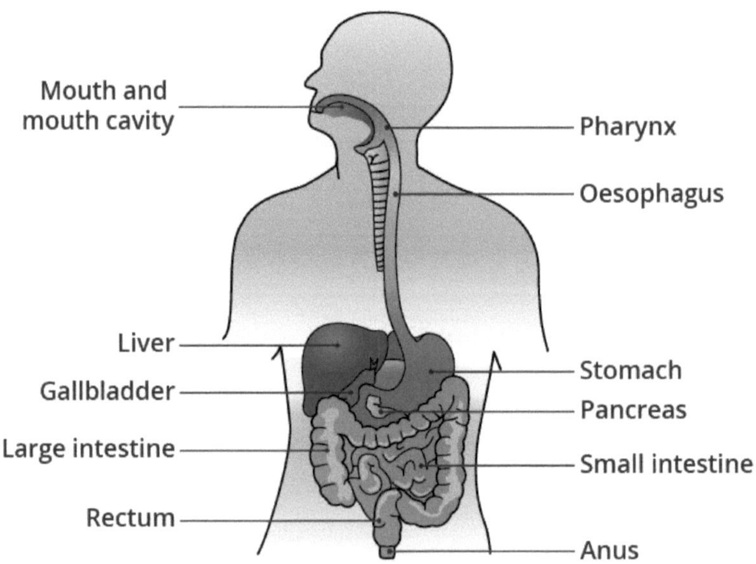

Figura 29. Sistema digestivo

Sistema digestivo:

(a) Lábios: Estão parcialmente rodeados por pele e são constituídos por músculos estriados e glândulas mucosas. A principal função dos lábios é servir de porta de entrada para o sistema digestivo.

(b) Dentes: Há um total de 32 dentes num adulto normal. São ainda classificados em:

incisivos (2), caninos (1), pré-molares (2) e molares (3) de cada lado do maxilar e o mesmo número de dentes no maxilar inferior. As principais funções dos dentes são cortar, agarrar e rasgar, esmagar e triturar.

(c) Glândulas salivares: As glândulas salivares estão presentes na nossa boca e segregam saliva para humedecer, lubrificar e digerir os alimentos que ingerimos. Existem três tipos de glândulas: parótida, sublingual e submandibular.

(d) Língua: A língua é um órgão digestivo acessório composto por músculo esquelético coberto por uma membrana mucosa. Ajuda a saborear os alimentos, a engolir os alimentos e a falar. A língua e os seus músculos associados formam o pavimento da boca.

(e) Faringe: É a junção entre a cavidade oral e a cavidade nasal e, inferiormente, está ligada à laringe e ao esófago. A laringe estabelece a ligação com o tubo de ventilação e o esófago estabelece a ligação com o sistema digestivo. As principais funções da faringe são o transporte de ar para o sistema respiratório e de alimentos para o sistema digestivo.

(f) Esófago: Trata-se de um tubo com cerca de 25 cm de comprimento, que se estende da faringe ao estômago e se situa na cavidade torácica. A principal função do esófago é o transporte de alimentos da faringe para o estômago, através de um processo denominado peristaltismo.

(g) Estômago: O estômago é um alargamento em forma de "J" do trato gastrointestinal que se situa diretamente abaixo do diafragma. Liga o esófago ao duodeno (primeira parte do intestino delgado). O estômago serve de câmara de mistura e de reservatório de alimentos. Quando o alimento é ingerido, o estômago empurra periodicamente uma pequena quantidade de alimento para o interior. Como o tamanho do estômago pode variar, pode armazenar grandes quantidades de alimentos e está dividido em quatro partes: Cárdia, Fundo, Corpo e Piloro. O piloro comunica com o duodeno do intestino delgado através de um esfíncter muscular liso chamado esfíncter pilórico. No estômago, o bolo alimentar semi-sólido é convertido em líquido, a digestão do amido continua, inicia-se a digestão dos triglicéridos e das proteínas e ocorre a absorção de várias substâncias. duodeno

(h) Intestino delgado: O intestino delgado começa no esfíncter pilórico do estômago, enrola-se na parte central e inferior da cavidade abdominal e termina no intestino grosso.

Anatomia: Tem três partes principais:

(i) Duodeno: Esta é a primeira parte do intestino delgado. Começa no esfíncter pilórico, estende-se até 25 cm e funde-se com o jejuno. Secreta enzimas proteolíticas (tripsinogénio, quimotripsina, procarboxi-peptidase, nuclease, colagenase e elastinase) para digerir as proteínas. Também segrega amilase, que digere os hidratos de carbono, e lipase, para a digestão dos lípidos.

(ii) Jejuno: É a parte média e estende-se até ao íleo. Secreta suco intestinal que é constituído por várias enzimas proteolíticas como a erepsina, a arginase, a nuclease, etc., enzimas de divisão de hidratos de carbono como a amilase, a maltase, a lactase, etc., e enzimas de digestão de lípidos como a lipase. (

iii) Íleo: É a última parte do intestino delgado e termina na junção ileocecal do intestino grosso. Absorve o material alimentar digerido. Intestino grosso: O intestino grosso é a porção terminal do trato gastrointestinal. As funções gerais do intestino grosso são a conclusão da absorção, a produção de determinadas vitaminas, a formação de fezes e a expulsão das fezes do corpo O intestino grosso tem cerca de 15 m de comprimento e estende-se do íleo ao ânus. A união do intestino delgado e do intestino grosso ocorre no esfíncter ileocecal, que controla o movimento de material do intestino delgado para o intestino grosso. O intestino grosso é constituído por quatro regiões principais: ceco, cólon, reto e canal anal.

(a) O ceco é um pequeno órgão semelhante a uma bolsa que se encontra junto ao esfíncter ileocecal. Ligado ao ceco encontra-se um tubo enrolado e torcido denominado apêndice ou apêndice vermiforme.

(b) O cólon é um tubo longo que se encontra junto ao ceco. A extremidade aberta do ceco liga-se ao cólon. O cólon está dividido em quatro porções: cólon ascendente, cólon transverso, cólon descendente e cólon sigmoide.

(c) O reto é aproximadamente o último 20 cm do trato gastrointestinal. Os 2-3 cm terminais do reto são designados por canal anal. A abertura do canal anal para o exterior chama-se ânus, que é protegido por um esfíncter interno de músculos lisos e um esfíncter externo de músculos esqueléticos.

Os Órgãos Digestivos Acessórios: São os órgãos que ajudam na digestão dos alimentos. Incluem os dentes, a língua, as glândulas salivares, o fígado, a vesícula biliar e o pâncreas.

(a) O pâncreas (Pan all, creas flesh) é uma glândula retroperitoneal (atrás do peritoneu), que se situa posteriormente à curvatura maior do estômago. Tem 12-15 cm de comprimento e 2-3 cm de espessura. **Anatomicamente, divide-se em três partes:**

1. Cabeça: É a porção expandida e situa-se perto da curva do duodeno.
2. Corpo: É a parte central e situa-se à esquerda e acima da cabeça.
3. Cauda: É a última porção afunilada do pâncreas.

Estes ilhéus pancreáticos segregam quatro tipos de hormonas:

1. Glucagon: Aumenta o nível de açúcar no sangue.
2. Insulina: Diminui o nível de açúcar no sangue.
3. Somatostatina: Mantém o nível de glucagon e insulina no organismo.
4. Polipéptido pancreático: controla a secreção de somatostatina.

(b) Fígado e vesícula biliar: O fígado é o segundo maior órgão do corpo, localizado inferiormente ao diafragma. A vesícula biliar é um saco em forma de pera situado inferiormente e posteriormente ao fígado. O fígado divide-se em dois lobos: o lobo direito (maior) e o lobo esquerdo (mais pequeno). A porção inferior larga é designada por fundo, a porção média é designada por corpo e a porção superior afunilada é designada por colo. O fígado produz a bílis e a vesícula biliar armazena a bílis segregada pelo fígado e envia-a para o intestino delgado, onde ajuda no processo digestivo.

Resultado: O sistema digestivo humano foi estudado.

EXPERIÊNCIA Nº 28

Objetivo: Estudar a anatomia e a fisiologia do sistema urinário.

Teoria: O sistema urinário é constituído por dois rins, dois ureteres, uma bexiga urinária e uma uretra. Os rins filtram o plasma sanguíneo para remover os resíduos, os solutos e a água. Devolvem a maior parte da água e dos solutos à corrente sanguínea. A água restante constitui a urina, que passa através dos ureteres e é armazenada na bexiga urinária até ser excretada do corpo através da uretra.

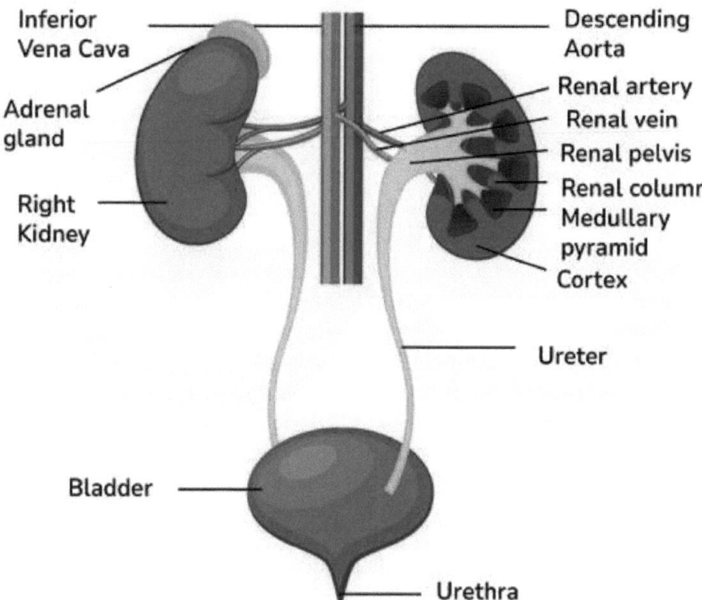

Figura 30. Sistema urinário

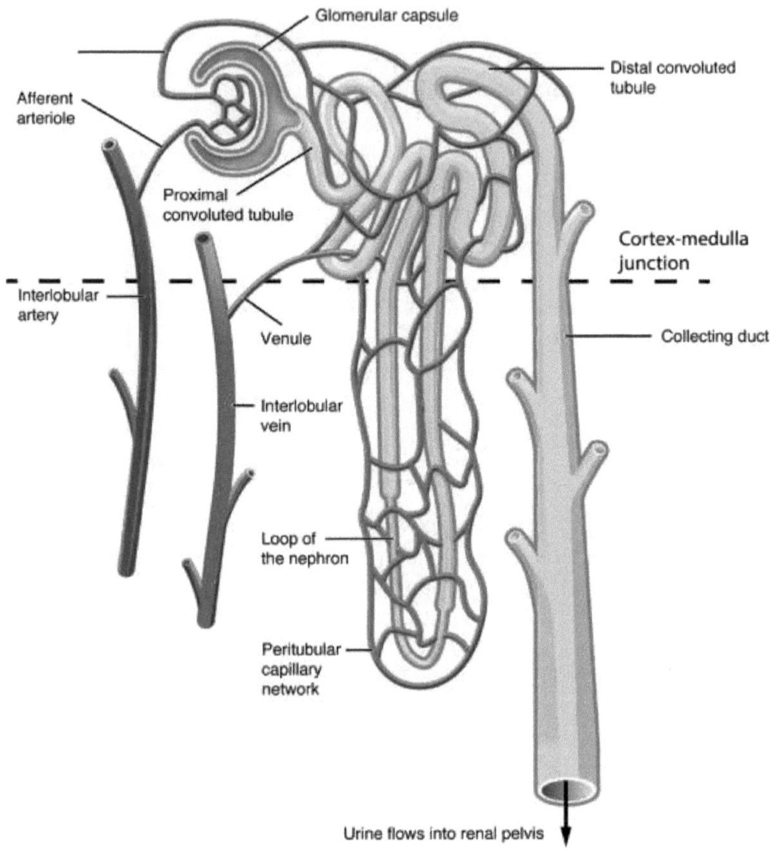

Figura 31. Estrutura do Nefrónio

Rins: Os rins são dois órgãos retroperitoneais avermelhados, em forma de feijão, situados imediatamente acima da cintura. Os rins situam-se entre os níveis da última vértebra torácica e da terceira vértebra lombar. Um rim adulto típico tem 10-12 cm de comprimento, 5-7 cm de largura e 3 cm de espessura. Perto do centro do bordo côncavo, existe uma reentrância chamada hilo renal. Através do hilo renal, o ureter, os vasos sanguíneos, os vasos linfáticos e os nervos entram e saem do rim.

Três camadas de tecido envolvem cada rim:

1. Cápsula renal,
2. Cápsula adiposa,
3. Fáscia renal.

O rim está dividido em duas regiões distintas:

(a) Medula renal: É a região interna do rim, de cor castanho-avermelhada escura. É constituída por várias regiões em forma de cone, denominadas pirâmides renais. O lado largo de cada pirâmide (chamado base) está virado para o córtex renal e o seu ápice (chamado papila renal) aponta para o hilo renal.

(b) Córtex renal: é a região exterior, de cor vermelha clara. O córtex renal é a zona de textura lisa que se estende desde a cápsula renal até às bases das pirâmides renais e aos espaços entre elas. Divide-se ainda numa zona cortical externa e numa zona juxtamedular interna. As porções do córtex renal presentes entre as pirâmides renais são chamadas de colunas renais.

As principais funções desempenhadas pelos rins são: Regulação da concentração iónica, pH, pressão, osmolaridade e volume do sangue. Produz também algumas hormonas como a renina,
calcitriol, eritropoietina, etc. e também excretam resíduos do corpo e partículas estranhas. Nefrónios: Os néfrons são as unidades funcionais dos rins. Cada rim contém cerca de 1 milhão de nefrónios. Cada néfron é constituído por duas partes:

Corpúsculo renal: é a parte onde o plasma sanguíneo é filtrado. Divide-se ainda em dois componentes: O glomérulo, que é uma rede de capilares sanguíneos, e a cápsula glomerular (cápsula de Bowman), que é um cálice epitelial de parede dupla que envolve os capilares glomerulares. Túbulo renal: É a parte para onde passa o líquido filtrado. Tem três secções principais:

(i) Túbulo contornado proximal
(ii) Anel de Henle (anel do nefrónio)
(iii) Túbulo contornado distal

Ureteres: Os ureteres são dois tubos estreitos retroperitoneais com 25-30 cm de comprimento, de paredes espessas e com um diâmetro que varia entre 1 mm e 10 mm. Estendem-se do rim até à bexiga urinária. Os ureteres transportam a urina dos rins para a bexiga.

Bexiga urinária: A bexiga urinária é um órgão muscular oco e distensível situado na cavidade pélvica, posteriormente à sínfise púbica. Nos homens, é diretamente anterior ao reto e, nas mulheres, é anterior à vagina e inferior ao útero. A sua forma depende da quantidade de urina presente. Quando está vazia, a bexiga é colapsada e, quando cheia, tem a forma de pera. A capacidade da bexiga urinária é, em média, de 700-800 ml. No pavimento da bexiga urinária, existe uma pequena área triangular denominada trígono. Os dois cantos posteriores do trígono contêm as duas aberturas ureterais e a abertura para a uretra forma o canto anterior.

Uretra: A uretra é um pequeno tubo que vai do orifício interno da uretra, no pavimento da bexiga, até ao exterior do corpo. Tanto nos homens como nas mulheres, a uretra é a parte terminal do sistema urinário. Nas mulheres, a uretra situa-se diretamente a seguir à sínfise púbica e tem um comprimento de 4 cm. A abertura da uretra para o exterior é designada por orifício uretral externo e situa-se acima da abertura vaginal. Nos homens, a uretra tem 15-20 cm de comprimento. Estende-se desde o orifício uretral interno até ao exterior. A uretra masculina está subdividida em três regiões anatómicas:

(1) A uretra prostática passa através da próstata.bahalov

(2) A uretra membranosa (intermédia) passa através dos músculos profundos do períneo.

(3) A uretra esponjosa, a parte mais longa, passa através do pénis.

Resultado: O sistema urinário humano foi estudado.

EXPERIÊNCIA N.º 29

Objetivo: Estudar o sistema endócrino utilizando gráficos e modelos.

Teoria: O sistema endócrino é uma rede complexa de glândulas e órgãos. Utiliza hormonas para controlar e coordenar o metabolismo, o nível de energia, a reprodução, o crescimento e o desenvolvimento do corpo e a resposta a lesões, ao stress e ao humor.

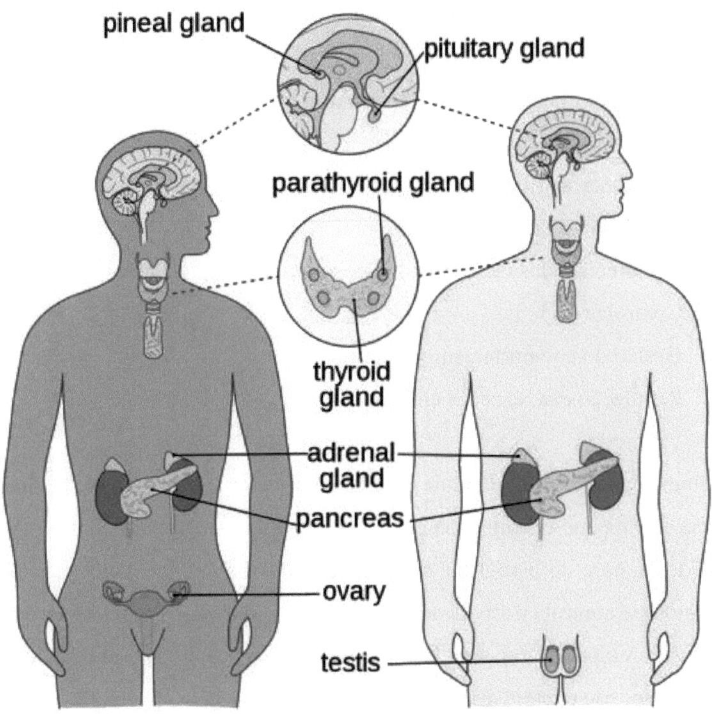

Figura 32. Sistema endócrino

As principais glândulas que constituem o sistema endócrino são

1. Hipotálamo
2. Pituitária
3. Tiroide
4. Paratiroide
5. Adrenal
6. Pâncreas
7. Corpo Pineal
8. Glândulas sexuais

1. Hipotálamo: O hipotálamo é uma pequena região do cérebro. Está localizado na base do cérebro, perto da glândula pituitária. O hipotálamo desempenha um papel crucial em muitas funções importantes, incluindo:

- Hormonas de libertação.
- Regulação da temperatura corporal.
- Manutenção dos ciclos fisiológicos diários.
- Controlar o apetite.
- Gestão do comportamento sexual.
- Regulação das reacções emocionais.

2. Glândula pituitária: A glândula pituitária é uma pequena glândula do tamanho de uma ervilha que desempenha um papel importante na regulação das funções vitais do corpo e do bem-estar geral. É referida como a "glândula mestra" do corpo porque controla a atividade da maioria das outras glândulas secretoras de hormonas. A hipófise tem dois lobos, o anterior e o posterior. Cada um dos dois lobos da hipófise contém diferentes tipos de células e produz diferentes tipos de hormonas.

A hipófise anterior produz seis hormonas principais:

(1) Prolactina (PRL), (2) Hormona do crescimento (GH), (3) Hormona adrenocorticotrópica (ACTH), (4) Hormona luteinizante (LH), (5) Hormona folículo-estimulante (FSH) e (6) Hormona estimulante da tiroide (TSH)

O lobo posterior produz duas hormonas, a vasopressina e a oxitocina. Estas hormonas são libertadas quando o hipotálamo envia mensagens para a hipófise através das células nervosas. A vasopressina é também conhecida como hormona antidiurética (ADH), uma hormona que desempenha um papel fundamental na manutenção da osmolalidade (a concentração de partículas dissolvidas, como sais e glicose, no soro) e, por conseguinte, na manutenção do volume de água no fluido extracelular (o espaço fluido que rodeia as células).

3. Glândula tiroide: A tiroide, ou glândula tiroide, é uma glândula endócrina dos vertebrados. Nos seres humanos, situa-se no pescoço e é constituída por dois lóbulos ligados entre si. Os dois terços inferiores dos lobos estão ligados por uma fina faixa de tecido denominada istmo da tiroide. A tiroide situa-se na parte da frente do pescoço, por baixo da maçã de Adão. Secreta duas hormonas: A tiroxina e a calcitonina.

A tiroxina regula o metabolismo basal, ou seja, a taxa de oxidação celular que resulta na produção de calor. Um aumento da secreção aumenta o metabolismo e uma diminuição da secreção diminui-o.

A calcitonina contribui para a regulação dos níveis de cálcio e de fosfato no sangue, opondo-se à ação da hormona paratiroide. Isto significa que actua para reduzir os níveis de cálcio no sangue.

Na secção das causas da tiroxina:

(a) Bócio simples

(b) Cretinismo

(c) Mixoedema

A secreção excessiva de tiroxina pode provocar um tipo de bócio denominado bócio exoftálmico.

4. Glândulas paratiróides: As glândulas paratiróides são dois pares de glândulas normalmente posicionadas atrás dos lobos esquerdo e direito da tiroide. As glândulas paratiróides controlam os níveis de cálcio no sangue, nos ossos e em todo o corpo. As glândulas paratiróides regulam o cálcio produzindo uma hormona chamada hormona paratiroide (PTH). O cálcio é o elemento mais importante do nosso corpo (utilizamo-lo para controlar muitos sistemas de órgãos), pelo que é regulado com mais cuidado do que qualquer outro elemento.

5. Glândula Adrenal: As glândulas supra-renais são como tampas acima dos rins. Cada glândula suprarrenal é constituída por duas partes: (i) uma medula central e (ii) um córtex periférico.

(i) Medula suprarrenal: segrega a adrenalina, que prepara o organismo para enfrentar qualquer situação de emergência, para a fuga, ou seja, para enfrentar o perigo, ou para a "fuga", para fugir dele.

(ii) Córtex suprarrenal: segrega muitas hormonas, mas a hormona mais conhecida é a cortisona (que suprime a inflamação). A hipossecreção do córtex suprarrenal causa a doença de Addison, enquanto a hipersecreção do córtex suprarrenal causa a síndrome de Cushing.

6. Pâncreas: O pâncreas é tanto uma glândula com ductos como uma glândula sem ductos. Como glândula sem ductos

A glândula de Langerhans tem um grupo especial de células secretoras de hormonas chamadas ilhéus de Langerhans. Estas

produz três hormonas - insulina, glucagon e somatostatina. (1) A insulina controla o aumento do nível de açúcar no sangue. Promove a utilização da glucose pelas células beta.

(2) O glucagon é segregado pelas células alfa. Estimula a decomposição do glicogénio no fígado em glicose, aumentando assim o nível de açúcar no sangue.

(3) A somatostatina inibe a secreção de insulina e glucagon.

7. Glândula Pineal: A glândula pineal produz melatonina, uma hormona derivada da serotonina que modula os padrões de sono em ciclos circadianos e sazonais.

8. Glândulas sexuais: Uma gónada, glândula sexual ou glândula reprodutora é uma glândula mista que produz os gâmetas (células sexuais) e as hormonas sexuais de um organismo. Na fêmea da espécie, as células reprodutoras são os óvulos e, no macho, as células reprodutoras são os espermatozóides. As gónadas, os principais órgãos reprodutores, são os testículos no homem e os ovários na mulher. Os testículos são responsáveis pela produção de testosterona, a principal hormona sexual masculina, e pela produção de espermatozóides. No interior dos testículos existem massas de tubos enrolados chamados túbulos seminíferos. Estes túbulos são responsáveis pela produção dos espermatozóides através de um processo chamado espermatogénese. Os ovários produzem os ovócitos, chamados óvulos ou oócitos. Os ovócitos são depois transportados para a trompa de Falópio, onde pode ocorrer a fertilização por um espermatozoide. O óvulo fertilizado desloca-se então para o útero, onde o revestimento uterino se tornou mais espesso em resposta às hormonas normais do ciclo reprodutivo.

Resultados: O sistema endócrino e as suas glândulas foram estudados.

EXPERIMENTO NO. 30

Objetivo: Estudar o sistema reprodutor utilizando um modelo.

Teoria: A reprodução refere-se à produção de descendentes por organismos organizados. A descendência é produzida como um novo organismo individual a partir do(s) progenitor(es). Existem duas formas de reprodução. A reprodução sexuada é o processo em que são criados novos organismos, através da combinação da informação genética de dois indivíduos de sexos diferentes. A informação genética é transportada em cromossomas dentro do núcleo de células sexuais especializadas chamadas gâmetas. Os órgãos do sistema reprodutor dividem-se em partes primárias e acessórias: As partes reprodutoras primárias incluem as gónadas que produzem as células sexuais ou gâmetas - os espermatozóides e os óvulos. As partes reprodutoras acessórias incluem todas as estruturas que ajudam na transferência e no encontro dos dois tipos de células sexuais que levam à fertilização.

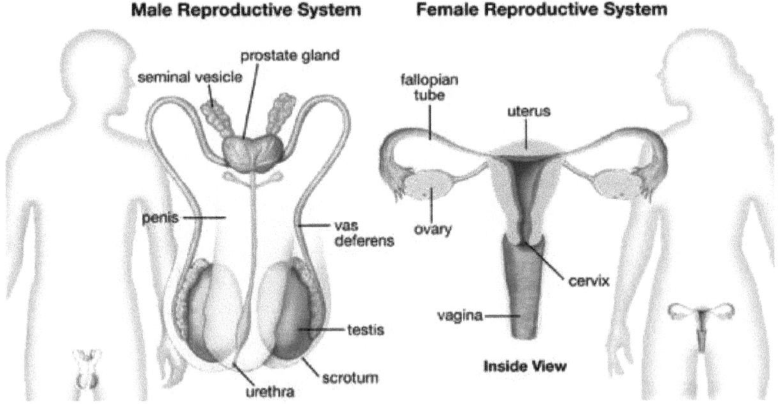

Figura 33. Sistema reprodutor humano

Sistema reprodutor masculino:

O sistema reprodutor masculino é constituído por vários órgãos sexuais que desempenham um papel no processo de reprodução humana. Estes órgãos estão localizados no exterior do corpo e no interior da pélvis. O sistema reprodutor masculino é constituído pelos seguintes órgãos:

(1) Testes (um par)
(2) Escroto
(3) Pénis
(4) Vesículas seminais
(5) Uretra

1. Testes: São os corpos ovais, com cerca de 1,5 a 3 polegadas de comprimento. Geralmente, o testículo esquerdo fica ligeiramente mais baixo do que o direito. As duas principais funções dos testículos são a produção de testosterona e a produção de espermatozóides.
2. Escroto: É um saco de pele espessa que protege e rodeia os testículos. Também controla a temperatura dos testículos, uma vez que estes têm de estar a uma temperatura ligeiramente inferior à temperatura do corpo para uma criação adequada de esperma. Os músculos da parede permitem que os testículos fiquem afastados do corpo ou que se encolham para os aproximar para proteção e calor.
3. Pénis: Envolve três espaços cilíndricos de tecido erétil. Os dois maiores, os corpos cavernosos, encontram-se lado a lado e o terceiro é um seio, chamado corpo esponjoso, que cobre a uretra. O pénis torna-se rígido quando estes espaços são preenchidos pelo sangue.
4. Vesículas seminais: Estão presentes sobre a próstata, ligadas aos canais deferentes para criar os canais ejaculatórios que percorrem a próstata. As vesículas seminais e a próstata geram um líquido que alimenta os

espermatozóides. Este líquido proporciona um volume máximo de sémen, no qual o esperma é ejectado durante a ejaculação.

5. Uretra: É uma estrutura semelhante a um tubo que liga a bexiga ao meato urinário. Nos homens, a uretra atravessa o pénis e está envolvida principalmente em duas funções principais. Esta região está incluída no trato urinário que leva a urina da bexiga onde o sémen é ejaculado. A próstata existe por baixo da bexiga e cobre a uretra.

Sistema reprodutor feminino:

O sistema reprodutor feminino está preparado para desempenhar diferentes funções. Cria óvulos que são essenciais para a reprodução, conhecidos como óvulos. O sistema está organizado para levar os óvulos para a região de fertilização. A fertilização do óvulo ocorre nas trompas de Falópio juntamente com o esperma. A implantação nas paredes do útero e o início das fases da gravidez é o passo seguinte dos óvulos fertilizados. Para além das funções acima mencionadas, o sistema reprodutor feminino também está envolvido na produção de hormonas sexuais femininas para manter o ciclo reprodutivo.

O sistema reprodutor feminino é constituído pelas seguintes partes:

(1) Vagina

(2) Ovários

(3) Trompas de Falópio ou Oviductos

(3) Útero

1. Vagina: A vagina é um tubo muscular e elástico que liga o colo do útero ao corpo externo. Funciona como recetáculo para o pénis nas relações sexuais e conduz o esperma para as trompas de Falópio e o útero. Também actua como canal de parto, expandindo-se para permitir o nascimento do feto durante o parto.

2. Ovários: Os ovários são os principais órgãos sexuais femininos que produzem o gâmeta feminino e várias hormonas. Estes órgãos estão situados em ambos os lados da parte inferior do abdómen. Cada ovário mede cerca de 2 a 4 cm de

comprimento e está ligado ao útero e à parede pélvica através de ligamentos. O ovário está rodeado por uma fina camada de epitélio, que constitui o estroma ovárico e está dividido em duas zonas - o córtex exterior e a medula interior. O córtex é constituído por vários folículos ováricos em diferentes estádios de desenvolvimento. O folículo ovárico é designado como a unidade básica do sistema reprodutor feminino. Cada oviduto está dividido em três regiões anatómicas - ampola, istmo e infundíbulo.

3. Trompas de Falópio: As trompas de Falópio são um par de tubos musculares e estruturas em forma de funil que se estendem da direita e da esquerda dos cantos superiores do útero até à extremidade dos ovários. Estas trompas estão envolvidas por pequenas projecções denominadas fímbrias, que deslizam sobre os ovários para recolher os óvulos libertados e os transportam para o infundíbulo para alimentar o útero. Cada trompa de Falópio está coberta por cílios que transportam o óvulo para o útero.

4. Útero: O útero é também designado por útero. É um órgão muscular, em forma de pera invertida, do sistema reprodutor feminino. As paredes do útero são constituídas por três camadas - a camada glandular interna, a camada média espessa e a camada externa fina.

Resultados: O sistema reprodutor foi estudado.

EXPERIMENTO NO. 31

Objetivo: Estudo do sistema nervoso através de um gráfico.

Teoria: O sistema nervoso é uma rede complexa de células que transmitem sinais entre diferentes partes do corpo. Desempenha um papel crucial na coordenação e controlo de várias funções fisiológicas, bem como na resposta a estímulos internos e externos. O sistema nervoso pode ser dividido em dois componentes principais: o sistema nervoso central (SNC) e o sistema nervoso periférico (SNP).

1. **Sistema Nervoso Central (SNC):**
   - **Cérebro:** O cérebro é o órgão central do sistema nervoso e é responsável pelo processamento e interpretação das informações recebidas do corpo.
   - **Medula espinhal:** A medula espinal é uma estrutura longa, fina e tubular que se estende do cérebro e é protegida pela coluna vertebral. Serve de via para os sinais nervosos que viajam de e para o cérebro.
2. **Sistema Nervoso Periférico (SNP):**
   - **Sistema Nervoso Somático (SNS):** Esta parte do SNP controla os movimentos voluntários e transmite informação sensorial ao SNC. Inclui neurónios motores e neurónios sensoriais.
   - **Sistema Nervoso Autónomo (SNA):** O SNA regula as funções corporais involuntárias, como os batimentos cardíacos, a digestão e a frequência respiratória. É composto pelas divisões simpática e parassimpática, que muitas vezes têm efeitos opostos para manter a homeostase.

Funções: O sistema nervoso tem várias funções vitais no corpo humano, desempenhando um papel crucial na manutenção da homeostase, respondendo a estímulos externos e permitindo a comunicação entre diferentes partes do corpo. Eis algumas das principais funções do sistema nervoso:

Entrada sensorial:

- O sistema nervoso recebe informações do ambiente interno e externo através de receptores sensoriais.

Integração:

- O sistema nervoso central (SNC), que inclui o cérebro e a espinal medula, processa e integra as informações sensoriais.

Saída do motor:

- O sistema nervoso inicia uma resposta enviando sinais para os músculos e glândulas.

Controlo dos músculos e das glândulas:

- O sistema nervoso regula a contração dos músculos, permitindo o movimento e a coordenação.

Homeostasia:

- O sistema nervoso ajuda a manter a estabilidade interna (homeostase), regulando vários processos fisiológicos, incluindo a temperatura corporal, a pressão arterial e o equilíbrio eletrolítico.

Funções cognitivas:

- O cérebro é responsável pelas funções cognitivas superiores, incluindo a memória, a aprendizagem, a resolução de problemas e a tomada de decisões.

Respostas emocionais:

- O sistema nervoso desempenha um papel fundamental nas respostas emocionais, regulando as áreas do cérebro associadas às emoções.

Respostas reflexas:

- Os reflexos são respostas rápidas e involuntárias a estímulos que ajudam a proteger o corpo de danos.

Comunicação:

- Os neurónios comunicam entre si através de impulsos eléctricos e sinais químicos chamados neurotransmissores.

Adaptação:

- O sistema nervoso permite a adaptação a condições variáveis. Pode modificar as suas respostas com base na experiência e na aprendizagem, permitindo aos indivíduos ajustarem-se a novas situações.
-

Relatório: O sistema nervoso foi estudado.

EXPERIMENTO NO. 32

Objetivo: Estudar o olho utilizando o gráfico.

Teoria: O olho humano é um órgão complexo responsável pela visão. É constituído por vários componentes que trabalham em conjunto para captar e processar a informação visual.

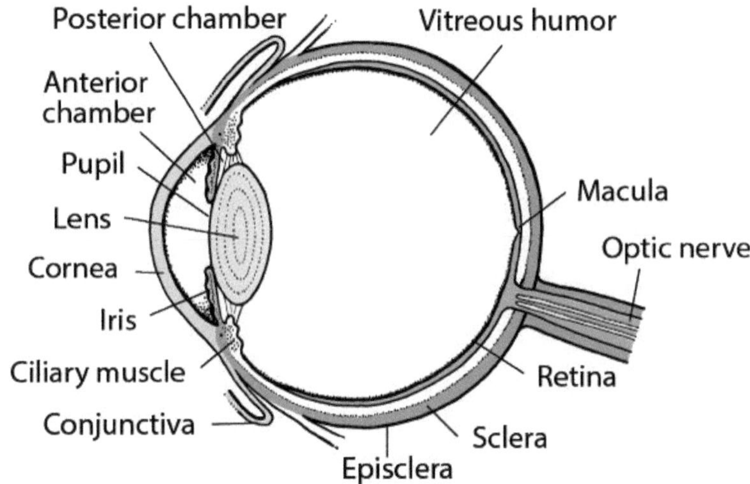

Figura 34. Estrutura do olho

1. **Córnea**: A camada externa transparente do olho que cobre a íris, a pupila e a câmara anterior. Ajuda a focar a luz que entra no olho.
2. **Íris**: A parte colorida do olho que rodeia a pupila. Controla o tamanho da pupila e, consequentemente, a quantidade de luz que entra no olho.
3. **Pupila**: A abertura circular escura no centro da íris. Regula a quantidade de luz que entra no olho.
4. **Lente**: Uma estrutura transparente, flexível e biconvexa localizada atrás da íris. Ajuda a focar a luz na retina.
5. **Retina**: A camada mais interna do olho, composta por células fotorreceptoras (bastonetes e cones) que convertem a luz em sinais

eléctricos. Estes sinais são depois transmitidos ao cérebro através do nervo ótico.

6. **Nervo ótico**: Um feixe de fibras nervosas que transporta a informação visual da retina para o cérebro para processamento.
7. **Humor vítreo**: Uma substância transparente semelhante a um gel que preenche o espaço entre o cristalino e a retina. Ajuda a manter a forma do olho e a transmitir a luz para a retina.
8. **Esclera**: A camada externa dura e branca do olho que ajuda a manter a forma do globo ocular e a proteger as suas estruturas internas.

Funções:

1. **Receção da luz**: A córnea e o cristalino trabalham em conjunto para focar a luz na retina.
2. **Formação de imagens**: A córnea e o cristalino refractam os raios de luz para formar uma imagem nítida na retina.
3. **Conversão da luz em sinais neurais**: As células fotorreceptoras da retina (bastonetes e cones) captam a luz e convertem-na em sinais eléctricos.
4. **Transmissão de sinais para o cérebro**: Os sinais eléctricos gerados pelas células fotorreceptoras são transmitidos através do nervo ótico para o cérebro para serem processados.
5. **Processamento visual**: O cérebro interpreta os sinais eléctricos recebidos da retina, permitindo-nos perceber e dar sentido à informação visual.

Relatório: O olho foi estudado

EXPERIMENTO NO. 33

Objetivo: Estudar a orelha através de um gráfico.

Teoria:

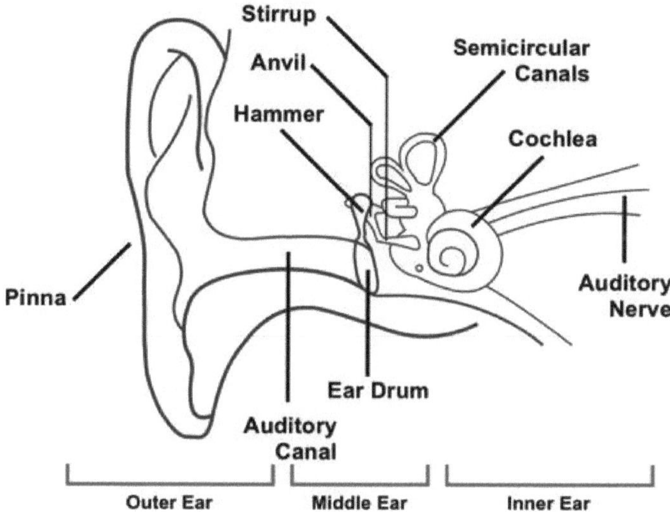

Figura 35. Estrutura do ouvido

O ouvido humano é um órgão complexo responsável pela audição e pelo equilíbrio. É composto por três partes principais: o ouvido externo, o ouvido médio e o ouvido interno.

1. **Ouvido externo**: Esta é a parte visível do ouvido, consistindo no pavilhão auricular (a parte externa carnuda) e no canal auditivo. O ouvido externo recolhe as ondas sonoras e direciona-as para o canal auditivo.
2. **Ouvido médio**: O ouvido médio está localizado entre o ouvido externo e o ouvido interno e contém o tímpano (membrana timpânica) e três pequenos ossos chamados ossículos (martelo, bigorna e estribo). Quando

as ondas sonoras atingem o tímpano, este vibra, e estas vibrações são transmitidas através dos ossículos para o ouvido interno.

3. **Ouvido interno**: O ouvido interno é composto por duas estruturas principais: a cóclea, responsável pela audição, e o sistema vestibular, responsável pelo equilíbrio.
   - **Cóclea**: Com a forma de uma concha de caracol, a cóclea contém canais cheios de líquido revestidos por milhares de células ciliadas. As vibrações sonoras transmitidas pelo ouvido médio provocam o movimento do fluido na cóclea, que estimula as células ciliadas. Estas células ciliadas convertem as vibrações mecânicas em sinais eléctricos, que são depois enviados para o cérebro através do nervo auditivo.
   - **Sistema vestibular**: Este sistema é constituído por três canais semicirculares e pelo vestíbulo, que contém o utrículo e o sáculo. Estas estruturas estão cheias de fluido e de pequenas células ciliadas sensoriais. Detectam alterações na posição e no movimento da cabeça, fornecendo ao cérebro informações sobre o equilíbrio e a orientação espacial.

Funções:

1. **Audição**: A principal função do ouvido é detetar as ondas sonoras do ambiente e convertê-las em sinais eléctricos que podem ser interpretados pelo cérebro. Isto envolve um processo complexo que começa com o ouvido externo a recolher as ondas sonoras e a direccioná-las para o canal auditivo. As ondas sonoras causam então vibrações no tímpano (membrana timpânica), que são transmitidas através dos ossículos do ouvido médio para a cóclea no ouvido interno. As células ciliadas da cóclea convertem estas vibrações mecânicas em sinais eléctricos, que são enviados para o cérebro através do nervo auditivo para processamento e interpretação.

2. **Equilíbrio e equilíbrio**: Para além da audição, o ouvido interno também desempenha um papel crucial na manutenção do equilíbrio e do balanço. O sistema vestibular, localizado no ouvido interno, consiste nos canais semicirculares e no vestíbulo (utrículo e sáculo). Estas estruturas contêm fluido e células ciliadas sensoriais que detectam alterações na posição e no movimento da cabeça. O sistema vestibular envia sinais para o cérebro sobre a posição do corpo no espaço, ajudando a manter o equilíbrio e a coordenação.
3. **Orientação espacial**: O ouvido ajuda-nos a orientarmo-nos no espaço, fornecendo informações sobre a direção e a distância dos sons no nosso ambiente. Esta consciência espacial é essencial para tarefas como localizar a fonte de um som, navegar no nosso ambiente e interagir com objectos e pessoas.
4. **Proteção**: O ouvido também desempenha um papel na sua proteção contra potenciais danos. Por exemplo, o canal auditivo produz cerume (cera do ouvido), que ajuda a reter o pó, a sujidade e as partículas estranhas, impedindo-as de atingir as estruturas delicadas do ouvido médio e interno. Além disso, o ouvido médio contrai reflexivamente determinados músculos em resposta a sons altos, o que pode ajudar a amortecer a intensidade das vibrações sonoras e a proteger o ouvido interno da exposição excessiva ao ruído.

Relato: A orelha foi estudada.

EXPERIMENTO NO. 34

Objetivo: Estudar a pele através de um gráfico.

Teoria: O sistema tegumentar é um sistema de órgãos constituído pela pele, cabelo, unhas e glândulas exócrinas. A pele tem apenas alguns milímetros de espessura, mas é de longe o maior órgão do corpo. A pele forma a cobertura exterior do corpo e uma barreira que o protege de produtos químicos, doenças, luz UV e danos físicos. O cabelo e as unhas estendem-se a partir da pele para reforçar a pele e protegê-la dos danos ambientais. As glândulas exócrinas do sistema tegumentar produzem suor e óleo para arrefecer, proteger e hidratar a superfície da pele.

Requisitos: gráfico/ modelo de amostra

Funções do sistema tegumentar: O sistema tegumentar tem muitas funções, a maioria das quais está envolvida na proteção do corpo e na regulação das funções internas do corpo de várias formas:

- Protege os tecidos e órgãos vivos internos do corpo.
- Protege contra a invasão de organismos infecciosos.
- Protege o organismo da desidratação.
- Protege o corpo contra as mudanças bruscas de temperatura.
- Ajuda a eliminar os resíduos.
- Actua como um recetor de toque, pressão, dor, calor e frio.
- Armazena água e gordura.

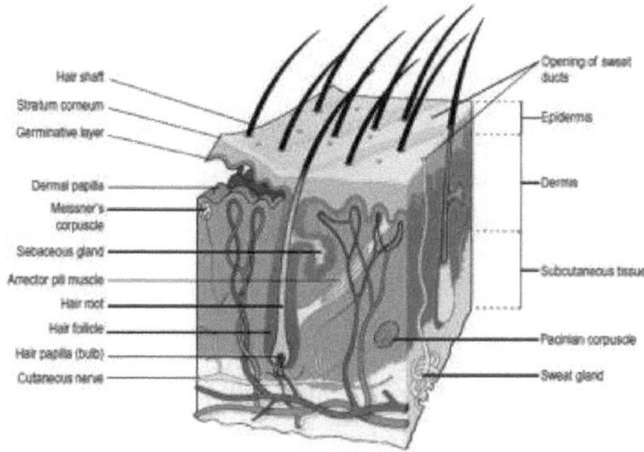

Figura 36: A pele mostrando as principais estruturas da derme.

Estrutura da pele

Epiderme: A epiderme é a camada mais superficial da pele, cobrindo quase toda a superfície do corpo. Assenta e protege a camada mais profunda e mais espessa da derme. A epiderme é uma região avascular que não contém sangue ou vasos sanguíneos. As células da epiderme recebem todos os seus nutrientes através da difusão de fluidos a partir da derme.

Derme: A derme é a camada profunda da pele que se encontra por baixo da epiderme. É constituída principalmente por tecido conjuntivo denso e irregular, tecido nervoso, sangue e vasos sanguíneos. A haste e a raiz do pelo são constituídas por três camadas distintas de células: a cutícula, o córtex e a medula. A cutícula é a camada mais externa constituída por queratinócitos.

Hipoderme: Na profundidade da derme existe uma camada de tecidos conjuntivos soltos conhecidos como hipoderme, subcutis ou tecido subcutâneo. A hipoderme é a ligação flexível entre a pele, os músculos subjacentes e os ossos e uma área de armazenamento de gordura.

Pelo: O pelo é um órgão acessório da pele constituído por colunas de queratinócitos mortos bem compactados que se encontram na maior parte das regiões do corpo. O pelo ajuda a proteger o corpo da radiação UV, impedindo que a luz solar atinja a pele. O pelo também isola o corpo ao reter o ar quente à volta da pele.

Unhas: As unhas são órgãos acessórios da pele constituídos por placas de queratinócitos endurecidos que se encontram nas extremidades distais dos dedos das mãos e dos pés. As unhas das mãos e dos pés reforçam e protegem a extremidade dos dígitos e são utilizadas para raspar.

Glândulas Sudoríferas: As glândulas sudoríparas são glândulas exócrinas que se encontram na derme da pele, vulgarmente conhecidas como glândulas sudoríparas. O suor baixa a temperatura do corpo através do arrefecimento por evaporação.

Glândulas sebáceas: As glândulas sebáceas são glândulas exócrinas na derme da pele que produzem sebo. O sebo é uma secreção oleosa que actua como impermeabilizante e aumenta a elasticidade da pele.

Glândulas ceruminosas: As glândulas ceruminosas são glândulas exócrinas especiais encontradas apenas na derme dos canais auditivos. As glândulas ceruminosas produzem uma secreção cerosa conhecida como cerume para proteger os canais auditivos e lubrificar o tímpano. O cerúmen protege os ouvidos ao reter materiais estranhos, como poeiras e agentes patogénicos transportados pelo ar, que entram no canal auditivo.

Funções da pele

Homeostase da temperatura: Sendo o órgão mais externo do corpo, a pele pode regular a temperatura corporal através do controlo da forma como o corpo interage com o seu ambiente. No caso da pele, pode reduzir a temperatura corporal através da transpiração e da vasodilatação quando entra num estado de hipertermia.

Síntese da vitamina D: A vitamina D, uma vitamina essencial necessária para a absorção do cálcio dos alimentos, é produzida pela luz ultravioleta (UV) que atinge a pele. Quando a luz UV da luz solar atinge a pele, penetra através das camadas exteriores da epiderme e atinge algumas das moléculas de 7-

dehidrocolesterol (esta molécula está presente na pele), convertendo-a em vitamina D3. A vitamina D3 é convertida nos rins em calcitriol, a forma ativa da vitamina D.

Proteção: A pele protege os tecidos subjacentes de agentes patogénicos, danos mecânicos e luz UV. Os agentes patogénicos, como os vírus e as bactérias, não conseguem entrar no corpo através de uma pele intacta devido ao facto de as camadas mais externas da epiderme conterem uma quantidade interminável de queratinócitos duros e mortos. Os melanócitos da epiderme produzem o pigmento melanina, que absorve a luz UV.

Resultados: A pele foi estudada.

Bibliografia

1. Essentials of Medical Physiology por K. Sembulingam e P. Sembulingam. Jaypee Brothers Medical Publishers, Nova Deli.
2. Anatomia e Fisiologia na Saúde e na Doença, por Kathleen J.W. Wilson, Churchill Livingstone, Nova Iorque
3. base fisiológica da prática médica - melhor e mais adequada. Williams & Wilkins Co, Riverview, MI USA
4. livro de texto de fisiologia médica - Arthur C, Guyton e John. E. Hall. Miamisburg, OH, U.S.A.
5. Princípios de Anatomia e Fisiologia por Tortora Grabowski. Palmetto, GA, E.U.A.
6 . livro de texto de Histologia Humana por Inderbir Singh, Jaypee Brother's medical publisher, Nova Deli.
7 . livro de texto de fisiologia prática de C.L. Ghai, Jaypee Brother's medical publisher, Nova Deli.
8 . livro de exercícios práticos de fisiologia humana, de K. Srinageswari e Rajeev Sharma, Jaypee Brothers Medical Publishers, Nova Deli.
9. base fisiológica da prática médica - melhor e mais adequada. Williams & Wilkins Co, Riverview, MI USA
10. Textbook of Medical Physiology- Arthur C, Guyton e John. E. Hall. Miamisburg, OH, U.S.A.
11. fisiologia humana (vol 1 e 2) pelo Dr. C.C. Chatterrje, Academic Publishers Kolkata

Printed by Books on Demand GmbH, Norderstedt / Germany